# Buchführung und Jahresabschlusserstellung nach HGB – Klausurtraining

Von

o. Univ.-Prof. Dr. **Torsten Mindermann**, StB
Lehrstuhl für Allgemeine Betriebswirtschaftslehre
sowie Unternehmensprüfung und -besteuerung
Ernst-Moritz-Arndt-Universität Greifswald

und

o. Univ.-Prof. Dr. habil. **Gerrit Brösel**
Lehrstuhl für Betriebswirtschaftslehre,
insbesondere Wirtschaftsprüfung
FernUniversität in Hagen

4., aktualisierte Auflage

ERICH SCHMIDT VERLAG

Bibliografische Information der Deutschen Nationalbibliothek
Die Deutsche Nationalbibliothek verzeichnet diese Publikation in der
Deutschen Nationalbibliografie; detaillierte bibliografische Daten
sind im Internet über http://dnb.d-nb.de abrufbar.

Weitere Informationen zu diesem Titel finden Sie im Internet unter
ESV.info/978 3 503 15602 3


1. Aufl. 2008
2. Aufl. 2010
3. Aufl. 2012
Die 1. bis 3. Auflage erschienen bei der Books on Demand GmbH, Norderstedt.

4. Aufl. 2014


ISBN 978 3 503 15602 3

Dieses Papier erfüllt die Frankfurter Forderungen
der Deutschen Bibliothek und der Gesellschaft für das Buch
bezüglich der Alterungsbeständigkeit
und entspricht sowohl den strengen Bestimmungen der US Norm
Ansi/Niso Z 39.48-1992 als auch der ISO-Norm 9706.

Druck und Bindung: Hubert und Co., Göttingen

## Vorwort zur 4. Auflage

Getreu dem geflügelten Wort „**Übung macht den Meister**" soll das vorliegende Klausurtrainingsbuch Ihre Prüfungsvorbereitung für Veranstaltungen zur Buchführung und Jahresabschlusserstellung an Universitäten und Fachhochschulen sowie anderen öffentlichen und privaten Bildungseinrichtungen zielorientiert unterstützen. Dieses Buch beinhaltet deshalb elf beispielhafte Klausuren mit den entsprechenden Lösungsvorschlägen, die bereits an verschiedenen Bildungseinrichtungen erprobt wurden. Es ist inhaltlich ausgerichtet auf das Lehrbuch:

**Torsten Mindermann/Gerrit Brösel,**
**Buchführung und Jahresabschlusserstellung nach HGB – Lehrbuch,**
**5. Auflage, Berlin 2014.**

Die **Lösungen** des vorliegenden Klausurtrainingsbuches haben wir – um die Versuchung des vorzeitigen Nachschlagens zu vermindern – nicht im unmittelbaren Anschluss an die Fragestellungen der Klausuren abgedruckt, sondern in einen selbständigen Lösungsabschnitt im hinteren Teil des Buches integriert. Zugelassene Hilfsmittel für Ihre Klausurvorbereitung sollten – wie in der klassischen Prüfung – lediglich ein nicht programmierbarer Taschenrechner, Schreibzeug sowie gegebenenfalls ein Maskottchen sein. Versuchen Sie also, die Prüfungssituation weitgehend äquivalent zu simulieren.

Um eine bessere Selbsteinschätzung des Standes Ihrer Prüfungsvorbereitung zu ermöglichen, ist bei jeder Aufgabe die **erreichbare Punktzahl** angegeben. Die auf der folgenden Seite abgedruckten Punktskalen sollen Ihnen eine Notenberechnung ermöglichen. Beachten Sie, dass es an unterschiedlichen Bildungseinrichtungen abweichende Punktskalen geben kann. Bedenken Sie zudem im Rahmen der Bearbeitung, dass je Minute Bearbeitungszeit im Durchschnitt ein Punkt erzielt werden kann. So werden beispielsweise bei einer Klausur mit einer Bearbeitungszeit von 90 Minuten maximal 90 Punkte vergeben.

Unser herzlicher **Dank** für die Unterstützung bei der Überarbeitung dieses Buches gilt Herrn Dipl.-Kfm. SEBASTIAN BLATT (Ernst-Moritz-Arndt-Universität Greifswald). **Kritik und Verbesserungsvorschläge** sind jederzeit gern willkommen (an Gerrit.Broesel@FernUni-Hagen.de).

Düsseldorf, im Januar 2014                          TORSTEN MINDERMANN
                                                     GERRIT BRÖSEL

# Beispielhafte Punktskalen zur Notenberechnung

| Noten \ Erreichbare Gesamtpunktzahl | 60 | 90 |
|---|---|---|
| 4,0 | ab 30,0 | ab 45,0 |
| 3,7 | ab 35,0 | ab 52,5 |
| 3,3 | ab 37,5 | ab 56,0 |
| 3,0 | ab 40,0 | ab 60,0 |
| 2,7 | ab 42,5 | ab 63,5 |
| 2,3 | ab 45,0 | ab 67,5 |
| 2,0 | ab 47,5 | ab 71,0 |
| 1,7 | ab 50,0 | ab 75,0 |
| 1,3 | ab 52,5 | ab 78,5 |
| 1,0 | ab 55,0 | ab 82,5 |

# Inhaltsverzeichnis

# Abkürzungsverzeichnis

| | |
|---|---|
| a. | = aus |
| AB | = Anfangsbestand |
| Abs. | = Absatz |
| Abschr. | = Abschreibungen |
| AfA | = Absetzung für Abnutzung |
| AfB | = Aufwendungen für Betriebsstoffe |
| AfH | = Aufwendungen für Hilfsstoffe |
| AfR | = Aufwendungen für Rohstoffe |
| AG | = Arbeitgeber |
| AK | = Anschaffungskosten |
| aLuL | = aus Lieferungen und Leistungen |
| AN | = Arbeitnehmer |
| Anl.-Abg. | = Anlage(n)abgänge |
| AO | = Abgabenordnung |
| ARAP | = aktiver Rechnungsabgrenzungsposten |
| Aufl. | = Auflage |
| Aufw. | = Aufwendungen |
| AV | = Anlagevermögen |
| BG | = Buchgewinn |
| BGA | = Betriebs- und Geschäftsausstattung |
| BV | = Bestandsveränderung bzw. Buchverlust |
| bzw. | = beziehungsweise |
| d. h. | = das heißt |
| EBK | = Eröffnungsbilanzkonto |
| EK | = Eigenkapital |
| erhalt. | = erhaltene |
| Ertr. | = Erträge |
| Erz. | = Erzeugnisse |
| EUR; € | = Währung „Euro" |
| FB | = Finanzbehörden |
| FE | = fertige Erzeugnisse |
| Ford. | = Forderungen |
| Geb. | = Gebäude |
| Gew. | = Gewinne bzw. gewährte |
| GewSt | = Gewerbesteuer |
| gg. | = gegen |
| ggü. | = gegenüber |
| GKR | = Gemeinschaftskontenrahmen der Industrie |
| GoB | = Grundsätze ordnungsmäßiger Buchführung |
| GuV | = Gewinn- und Verlustrechnung bzw. Gewinn und Verlust |

| | | |
|---|---|---|
| H | = Haben | |
| HGB | = Handelsgesetzbuch | |
| HK | = Herstellungskosten | |
| i. d. R. | = in der Regel | |
| i. H. v. | = in Höhe von | |
| IKR | = Industriekontenrahmen | |
| K | = Konto | |
| Kfz | = Kraftfahrzeug | |
| KSt | = Körperschaftsteuer | |
| Masch. | = Maschine | |
| ND | − Nutzungsdaucr | |
| OHG | = offene Handelsgesellschaft | |
| p. a. | = per annum | |
| per.-fr. | = periodenfremd | |
| PRAP | = passiver Rechnungsabgrenzungsposten | |
| Privatentn. | = Privatentnahme | |
| PWB | = Pauschalwertberichtigung | |
| RBW | = Restbuchwert | |
| RHB | = Roh-, Hilfs- und Betriebsstoffe | |
| S | = Soll | |
| s. b. | = sonstige betriebliche | |
| SBK | = Schlussbilanzkonto | |
| Sk. | = Skonto/Skonti | |
| sonst. | = sonstige | |
| StB | = Steuerberater | |
| SV | = Sozialversicherung bzw. Sozialversicherungsträger | |
| u. | = und | |
| UE | = Umsatzerlöse | |
| unf. | = unfertige | |
| ursprüngl. | = ursprünglich | |
| USt | = Umsatzsteuer | |
| v.G.u.s.L. | = von Gegenständen und sonstigen Leistungen | |
| Verb. | = Verbindlichkeiten | |
| Verl. | = Verluste | |
| VSt | = Vorsteuer | |
| W.-Eink. | = Wareneinkauf | |
| W.-Verk. | = Warenverkauf | |
| z. B. | = zum Beispiel | |
| zweifelh. | = zweifelhafte | |
| zzgl. | = zuzüglich | |

# Übungsklausuren

*zugelassene Hilfsmittel:*
nicht programmierbarer Taschenrechner

*grundsätzlich gilt nachfolgend zur Orientierung:*
Bearbeitungszeit je Punkt eine Minute

Berücksichtigen Sie für alle Aufgaben der Klausuren – soweit erforderlich
und soweit nicht explizit darauf verwiesen wird, die Umsatzsteuer
unberücksichtigt zu lassen – einen Umsatzsteuersatz i. H. v. 19 %
(ausnahmsweise auch, wenn es sich um Lebensmittel handelt).
Der Bilanzstichtag sei jeweils der 31.12.
Latente Steuern sind nicht zu berücksichtigen/bilden.

## Aufgaben der Klausur 1

| Bearbeitungszeit: | 90 Minuten |
|---|---|
| Erreichte Gesamtpunktzahl: | … Punkte von 90 Punkten |

| Aufgabe 1 der Klausur 1: | 10 Punkte | |
|---|---|---|

Nennen und erläutern Sie die Grundsätze der Belegbehandlung!

| Aufgabe 2 der Klausur 1: | 10 Punkte | |
|---|---|---|

Kreuzen Sie an, ob es sich bei den folgenden Geschäftsvorfällen um einen Aktivtausch, einen Passivtausch, eine Aktiv-Passiv-Mehrung oder eine Aktiv-Passiv-Minderung handelt. Die Umsatzsteuer ist nicht zu berücksichtigen. *Annahme:* Erfolgswirksame Aspekte werden über das Eigenkapital verbucht. *Bitte beachten Sie:* Falsches Ankreuzen führt zu einem Punkt Abzug. Die Gesamtpunktzahl kann jedoch nicht negativ werden.

| | | Aktiv-tausch | Passiv-tausch | Aktiv-Passiv-Mehrung | Aktiv-Passiv-Minde-rung |
|---|---|---|---|---|---|
| 1. | Bestandsminderung bei fertigen Erzeugnissen | | | | |
| 2. | Skontoabzug auf Ausgangsrechnung | | | | |
| 3 | Buchgewinn beim Verkauf eines voll abgeschriebenen Computers | | | | |
| 4. | Auslieferung von voll vorausbezahlten fertigen Erzeugnissen | | | | |
| 5. | Barzahlung der Transportversicherung einer Rohstofflieferung | | | | |
| 6. | Begleichung einer offenen Lieferantenrechnung durch Banküberweisung | | | | |
| 7. | Überweisung des Arbeitnehmeranteils zur Sozialversicherung | | | | |
| 8. | Unsere Banküberweisung für Miete | | | | |
| 9. | Zielverkauf von Waren | | | | |
| 10. | Kauf einer Maschine auf Ziel | | | | |

| Aufgabe 3 der Klausur 1: | 10 Punkte | |
|---|---|---|

Gegeben sei folgendes Eröffnungsbilanzkonto (EBK). Welche Fehler können Sie erkennen? Geben Sie eine kurze Erläuterung der Fehler.

| Haben | | EBK vom 31. Dezember 01 | Soll |
|---|---|---|---|
| Eigenkapital | 250.000,00 € | Verbindlichkeiten | 90.000,00 € |
| Verbindlichkeiten | 28.000,00 € | Bank | 80.000,00 € |
| Fuhrpark | 23.000,00 € | Rückstellungen | 29.000,00 € |
| ARAP | 15.000,00 $ | PRAP | 7.000,00 € |
| Forderungen | 20.000,00 € | Warenverkauf | 13.000,00 € |
| | **336.000,00 €** | | **219.000,00 €** |

| Aufgabe 4 der Klausur 1: | 20 Punkte | |
|---|---|---|

Bilden Sie die Buchungssätze zu den folgenden Geschäftsvorfällen. Geben Sie – falls nötig – auch die Buchungen im Vor- bzw. Folgejahr an.

a)  Wir bezahlen die Miete i. H. v. 600,00 EUR (netto) für die Geschäftsräume am 26.09.01 durch Banküberweisung für den Zeitraum vom 01.10.01 bis 31.03.02 im Voraus. **(2 ½ Punkte)**

b)  Ein Darlehensschuldner überweist uns die nachträglich zu zahlenden Jahreszinsen i. H. v. 1.200,00 EUR für die Zeit vom 01.05.02 bis 30.04.03 am 05.05.03 per Banküberweisung. **(2 ½ Punkte)**

c)  Wir kaufen Waren auf Ziel für (netto) 20.000,00 EUR zzgl. USt. Unser Lieferant gewährt uns 10 % Rabatt auf den Nettowarenwert. **(1 ½ Punkte)**

d)  Wir verkaufen eine Schreibmaschine (Buchwert 1.000,00 EUR) für brutto 1.785,00 EUR bar an einen Bekannten. **(2 Punkte)**

e)  Wir verkaufen Waren auf Ziel für (netto) 32.000,00 EUR zzgl. USt. Eine Woche später überweist der Kunde den Rechnungsbetrag abzüglich 2 % Skonto! **(3 ½ Punkte)**

f)  Wir rechnen am Ende des Jahres 02 für das abgelaufene Jahr mit einer Gewerbesteuernachzahlung i. H. v. 2.000,00 EUR. **(1 Punkt)**

g) Die vierteljährlichen Darlehenszinsen für die Monate „Dezember 01", „Januar 02" und „Februar 02" i. H. v. insgesamt 270,00 EUR werden von uns im März 02 durch Banküberweisung beglichen. **(2 ½ Punkte)**

h) Am 29.11.02 haben wir die Feuerversicherungsprämie i. H. v. 500,00 EUR für unser privates Mietwohngrundstück für die Zeit vom 01.12.02 bis 30.11.03 vom betrieblichen Bankkonto überwiesen. **(1 Punkt)**

i) Unser Mieter überweist uns bereits am 26.12.02 die Januarmiete 03 i. H. v. 1.000,00 EUR (netto = brutto). **(2 Punkte)**

j) Wir kaufen eine Maschine für 4.800,00 EUR (netto) auf Ziel, die Verpackungs- und Transportkosten betragen insgesamt 200,00 EUR (netto). Bitte keine Abschreibungen buchen! **(1 ½ Punkte)**

| **Aufgabe 5 der Klausur 1:** | **10 Punkte** | |

Sind die Aussagen richtig oder falsch? *Bitte beachten Sie:* Falsches Ankreuzen führt zu einem Punkt Abzug. Die Gesamtpunktzahl kann jedoch nicht negativ werden.

| | | richtig | falsch |
|---|---|---|---|
| 1. | Bestandskonten erfassen lediglich Stromgrößen. | | |
| 2. | Erfolgskonten kennen keinen Anfangsbestand. | | |
| 3. | Bestandskonten werden über das GuV-Konto abgeschlossen. | | |
| 4. | Erfolgskonten sind Unterkonten des Eigenkapitalkontos. | | |
| 5. | Aufwandskonten weisen im Allgemeinen einen Saldo auf der Habenseite auf. | | |
| 6. | Buchungen auf Erfolgskonten verändern das Eigenkapital mittelbar. | | |
| 7. | Erfolgskonten können in der Schlussbilanz erscheinen. | | |
| 8. | Für Erfolgskonten gilt die Kontengleichung: Anfangsbestand + Zugang = Minderungen + Endbestand. | | |
| 9. | Werden Aufwendungen und Erträge auf einem Erfolgskonto gebucht, ist das Gegenkonto grundsätzlich ein Bestandskonto. | | |
| 10. | Ertragskonten werden im Laufe des Geschäftsjahres niemals im Soll gebucht. | | |

| **Aufgabe 6 der Klausur 1:** | **20 Punkte** | |
|---|---|---|

Berichtigen Sie die gegebenenfalls falschen und ergänzen die gegebenenfalls in der Buchhaltung fehlenden Buchungssätze zum 31.12.01. Geben Sie die damit verbundenen Erfolgsauswirkungen für das Jahr 01 an. (**je Teilaufgabe 5 Punkte**)

a)   Brause bezahlt am 12.12.01 die Miete für die Büroräume seines Unternehmens für den laufenden Monat privat. Die Rechnung beträgt 300 EUR zzgl. offen ausgewiesener 57 EUR USt. Brause bucht:

      Mietaufwand       357     an   Kasse                  357

b)   Brause verkauft in 01 seine vollständig abgeschriebene Maschine für brutto 1.785 EUR (der Käufer überweist den Betrag sofort auf Brauses Konto) und bucht:

      Bank              1.785     an   Maschine      1.500
                                      USt           285

c)   Brause überweist die Büromiete für Januar 01 i. H. v. 2.380 EUR (brutto) im Januar vom Konto des Unternehmens und bucht:

      Gebäude         2.380     an   Mietaufwand     2.380

d)   Brause erwirbt am 02.01.01 eine Maschine mit dreijähriger Nutzungsdauer. Der Nettokaufpreis der Maschine beträgt 9.600 EUR, für die Montage der Maschine fallen noch 400 EUR an. Darüber hinaus ist in der Rechnung Umsatzsteuer i. H. v. 1.900 EUR offen ausgewiesen. Er bucht bei Erhalt der Rechnung, die er sofort überweist:

      Maschine         9.600
      Montageaufwand    400
      VSt              1.900     an   Bank            11.900

Weitere Buchungen finden sich im Hinblick auf diese Maschine nicht in der Buchhaltung von Brause.

| **Aufgabe 7 der Klausur 1:** | **10 Punkte** | |
|---|---|---|

Vervollständigen Sie die folgende Tabelle:

| Stufe bzw. Phase | Rechnung | USt (Traglast) | VSt-Abzug | USt-Schuld (Zahllast) | Wert-schöpfung |
|---|---|---|---|---|---|
| | EUR | EUR | EUR | EUR | EUR |
| **A** Urer-zeuger | Nettopreis     100,00<br>+ USt            19,00<br>= Verkaufspreis   119,00 | | | | |
| **B** Weiter-verarbeiter | Nettopreis     250,00<br>+ USt<br>= Verkaufspreis | | | | |
| **C** Groß-händler | Nettopreis     320,00<br>+ USt<br>= Verkaufspreis | | | | |
| **D** Einzel-händler | Nettopreis<br>+ USt<br>= Verkaufspreis   476,00 | | | | |

# Aufgaben der Klausur 2

| Bearbeitungszeit: | 60 Minuten |
|---|---|
| Erreichte Gesamtpunktzahl: | … Punkte von 60 Punkten |

| Aufgabe 1 der Klausur 2: | 10 Punkte | |
|---|---|---|

Nennen und erläutern Sie die Inventurverfahren, die sich auf den Zeitpunkt der Inventurdurchführung beziehen!

| Aufgabe 2 der Klausur 2: | 50 Punkte | |
|---|---|---|

Folgende Konten (hier alphabetisch geordnet) stehen Ihnen gemäß dem Kontenplan des Unternehmens für diese Aufgabe zur Verfügung:

Abschreibungen auf Forderungen; Aktiver Rechnungsabgrenzungsposten (ARAP); Arbeitgebersozialversicherungsaufwand (Arbeitgeber-SV-Aufwand); Bank; Bankdarlehen; Darlehen; (personenspezifische) Eigenkapitalkonten; Entnahme von Gegenständen und sonstigen Leistungen (Entnahme v.g.u.s.L.); Erlösberichtigung/gewährte Skonti; Eröffnungsbilanzkonto (EBK); Forderungen aus Lieferungen und Leistungen; Fuhrpark; Kasse; Löhne und Gehälter; Mietaufwand; Mietertrag; Passiver Rechnungsabgrenzungsposten (PRAP); Pauschalwertberichtigung (PWB); (personenspezifische) Privatentnahme; Rückstellungen; Sonstiger betrieblicher Aufwand; Sonstiger betrieblicher Ertrag; Sonstige Forderungen; Sonstige Verbindlichkeiten; Umsatzsteuer; Verbindlichkeiten aus Lieferungen und Leistungen; Verbindlichkeiten gegenüber dem Finanzamt (FB-Verbindlichkeiten); Verbindlichkeiten gegenüber Sozialversicherungsträgern (SV-Verbindlichkeiten); Verluste aus Anlagenabgängen; Vorsteuer; Warenaufwand; Waren/Wareneinkauf; Warenverkauf/Umsatzerlöse; Zinsaufwand; Zinsertrag; Zweifelhafte Forderungen.

a) Simon Peters plant die Eröffnung eines Tee-Punktes. Er kann seinen Freund Flik überreden, dass dieser mit ihm die Selbständigkeit wagt. Sie gründen eine OHG. Zur Eröffnung bringt Peters Bargeld i. H. v. 1.000 EUR und Forderungen, die er gegen seine Putzfrau Lala i. H. v. 2.000 EUR hat (weil er ihren Flug nach Kroatien bezahlt hat), ein. Flik stellt Bargeld i. H. v. 2.000 EUR sowie ein Fahrzeug im Wert von 7.000 EUR zur Verfügung. Flik überredet seine Freundin Daniela, ihnen ein Darlehen i. H. v. 10.000 EUR zu gewähren. Den Betrag überweist sie den Gründern vor Geschäftseröffnung auf deren soeben eingerichtetes Konto bei deren Hausbank. Erstellen Sie die Eröffnungsbilanz der „Peters & Flik Tee-Punkt OHG" zum 01.05.07! Führen Sie die Buchungen für alle Anfangsbestände durch! **(15 Punkte)**

Buchen Sie die nachfolgenden Geschäftsvorfälle, welche aus den zahlreichen Geschäftsvorfällen des Unternehmens ausgewählt wurden!

b) Die OHG kauft Teebeutel zu einem Nettopreis von 2.000 EUR auf Ziel. **(2 Punkte)**

c) Es wird ein Bankdarlehen i. H. v. 30.000 EUR aufgenommen. Der Darlehensbetrag wird dem Geschäftskonto gutgeschrieben. **(1 Punkt)**

d) Lala begleicht ihre Forderungen in voller Höhe per Barzahlung. **(1 Punkt)**

e) Das Geschäft floriert. Die Unternehmer verkaufen Teebeutel für 5.000 EUR (netto) auf Ziel und gewähren 3 % Skonto, wenn der Käufer innerhalb von zehn Tagen zahlt. **(2 Punkte)**

f) Der Kunde aus e) begleicht innerhalb von fünf Tagen durch Banküberweisung und nimmt dabei Skonto in Anspruch. **(3 Punkte)**

g) Peters entdeckt, dass einige Teebeutel der ersten Lieferung bereits überaltert sind. Er sendet die betroffene Ware im Wert von 200 EUR nach Absprache mit dem Lieferanten an diesen zurück. **(2 Punkte)**

h) Das Unternehmen erwirbt für 20.000 EUR ein neues Fahrzeug. Das alte Fahrzeug wird durch den Verkäufer für 5.000 EUR in Zahlung genommen. Der Restbetrag wird durch einen Kredit finanziert. *Nachrichtlich:* Bei dieser Teilaufgabe bitte die Umsatzsteuer nicht berücksichtigen. **(3 Punkte)**

i) Die Jungunternehmer mieten zum 01.12.07 einen größeren Tee-Punkt an. Für diesen müssen Sie sofort Miete für zwölf Monate bar bezahlen, was insgesamt 12.000 EUR (netto) entspricht. *Nachrichtlich:* Bei dieser Teilaufgabe bitte die Umsatzsteuer nicht berücksichtigen. **(2 Punkte)**

j) Peters und Flik werden von einer großen Telefongesellschaft verklagt, weil diese sich im Hinblick auf deren Namensrechte verletzt fühlt. Die Jungunternehmer rechnen damit, dass sie diesen Prozess im nächsten Jahr verlieren und etwa 5.000 EUR Strafe zahlen müssen. **(1 Punkt)**

k) Die Hausbank wird die für dieses Jahr zu berücksichtigenden Darlehenszinsen i. H. v. 500 EUR erst im kommenden Jahr abbuchen. **(1 Punkt)**

l) Die OHG verkauft Waren zu einem Nettopreis von 800 EUR auf Ziel und gewährt dem treuen Kunden dabei einen Rabatt von 10 %. **(2 Punkte)**

m) Am Ende des ersten Jahres verzeichnen Peters und Flik einen Bestand der Forderungen aus Lieferungen und Leistungen i. H. v. 119.000 EUR brutto. Von diesen Forderungen erscheinen den Unternehmern drei Forderungen i. H. v. jeweils 2.000 EUR (netto) zweifelhaft. Sie wissen bereits, dass eine dieser Forderungen endgültig und vollständig ausfällt (1. Forderung). Im Hinblick auf die beiden anderen (der drei) Forderungen rechnen sie mit einem Forderungsausfall von 40 % (2. Forderung) bzw. 70 % (3. Forderung). Bezüglich der restlichen Forderungen erwarten sie einen branchenüblichen Forderungsausfall i. H. v. 3,5 %. **(5 Punkte)**

n) Lala wird als Verkäuferin im Unternehmen angestellt. Im November 07 erhält sie ein Bruttogehalt von 2.000 EUR. Die Steuern (inklusive Solidaritätszuschlag) hierauf betragen insgesamt 299,30 EUR. Zudem wird ihr ein Arbeitnehmeranteil i. H. v. insgesamt 421 EUR abgezogen. Buchen Sie die Gehaltszahlung auf das Konto von Lala im November sowie die Abführung der einbehaltenen Beträge im folgenden Monat. **(5 Punkte)**

o) Flik möchte seine Familie zum Weihnachtsfest mit Tee überraschen und entnimmt dem Unternehmen Waren im Wert von 500 EUR. **(2 Punkte)**

p) Auf dem Vorsteuerkonto ermittelt Peters einen Saldo von 120.000 EUR im Haben und auf dem Umsatzsteuerkonto einen Saldo von 140.000 EUR im Soll. Schließen Sie beide Konten ab. **(2 Punkte)**

q) Im Rahmen der Inventur stellt Flik fest, dass der effektive Warenbestand um 200 EUR geringer ist als der Buchbestand der Waren. **(1 Punkt)**

# Aufgaben der Klausur 3

| Bearbeitungszeit: | 60 Minuten |
|---|---|
| Erreichte Gesamtpunktzahl: | … Punkte von 60 Punkten |

| Aufgabe 1 der Klausur 3: | 9 Punkte | |
|---|---|---|

Wann sind Bilanzveränderungen erfolgsneutral? Welche Arten von erfolgsneutralen Bilanzveränderungen gibt es? Geben Sie jeweils einen Geschäftsvorfall (keinen Buchungssatz) als Beispiel an.

| Aufgabe 2 der Klausur 3: | 11 Punkte | |
|---|---|---|

Sind die Aussagen richtig oder falsch? *Bitte beachten Sie:* Falsches Ankreuzen führt zu einem Punkt Abzug. Die Gesamtpunktzahl kann jedoch nicht negativ werden.

| | | richtig | falsch |
|---|---|---|---|
| 1. | Durch jeden Buchungssatz werden genau zwei Konten angesprochen. | | |
| 2. | In jedem Buchungssatz ist die Summe der im Soll gebuchten Beträge gleich denen, die im Haben gebucht werden. | | |
| 3. | Die Einführung des Eröffnungs- und des Schlussbilanzkontos ermöglicht, dass die doppelte Buchhaltung formal auch bei der Übernahme der Anfangs- und Endbestände eingehalten wird. | | |
| 4. | Für Bestandskonten gilt die Kontengleichung: Anfangsbestand + Zugang = Minderungen + Endbestand. | | |
| 5. | Buchungen auf Erfolgskonten verändern das Eigenkapital erfolgsneutral | | |
| 6. | Erfolgskonten erfassen lediglich Stromgrößen. | | |
| 7. | Erfolgskonten werden über das GuV-Konto abgeschlossen. | | |
| 8. | Bestandskonten werden über das Schlussbilanzkonto abgeschlossen. | | |
| 9. | Erfolgskonten werden über das Schlussbilanzkonto abgeschlossen. | | |
| 10. | Das Privatkonto ist ein Unterkonto des Eigenkapitalkontos. | | |
| 11. | Privateinlagen werden im Soll gebucht. | | |

| Aufgabe 3 der Klausur 3: | 4 Punkte | |
|---|---|---|

„Geiz ist für die Endverbraucher geil", denkt sich Willy Brause und wirbt mit einem Werbespruch in Anlehnung an einen bekannten Elektronikfachmarkt: „Beim Kauf von Trainingsanzügen erlasse ich Ihnen die Umsatzsteuer." Daraufhin verkauft er am 16.04.01 einen Trainingsanzug, der ursprünglich mit 178,50 EUR (brutto) ausgepreist war, gegen Barzahlung. Bilden Sie den Buchungssatz. Begründen Sie Ihr Vorgehen!

| Aufgabe 4 der Klausur 3: | 6 Punkte | |
|---|---|---|

Bilden Sie die Buchungssätze zu den folgenden Geschäftsvorfällen. Geben Sie – falls nötig – auch die Buchungen im Vor- bzw. Folgejahr an.

a) Der Mieter eines zum Betriebsvermögen gehörenden Grundstücks überweist am 20.12.01 per Überweisung die vierteljährlich im voraus zu zahlende Miete für die Monate „Dezember", „Januar" und „Februar" i. H. v. insgesamt 45.000 EUR. *Nachrichtlich:* Bei dieser Teilaufgabe bitte die Umsatzsteuer nicht berücksichtigen. **(3 Punkte)**

b) Ein Darlehensschuldner überweist die nachträglich zu zahlenden Jahreszinsen für die Zeit vom 01.05.01 bis zum 30.04.02 am 05.05.02 per Überweisung i. H. v. 3.000 EUR. **(3 Punkte)**

| Aufgabe 5 der Klausur 3: | 10 Punkte | |
|---|---|---|

Kreuzen Sie an, ob es sich bei den folgenden Geschäftsvorfällen um einen Aktivtausch, einen Passivtausch, eine Aktiv-Passiv-Mehrung oder eine Aktiv-Passiv-Minderung handelt. Die Umsatzsteuer ist nicht zu berücksichtigen. *Annahme:* Erfolgswirksame Aspekte werden über das Eigenkapital verbucht. *Bitte beachten Sie:* Falsches Ankreuzen führt zu einem Punkt Abzug. Die Gesamtpunktzahl kann jedoch nicht negativ werden.

| | | Aktiv-tausch | Passiv-tausch | Aktiv-Passiv-Mehrung | Aktiv-Passiv-Minde-rung |
|---|---|---|---|---|---|
| 1. | Rücksendung von Waren, die auf Ziel gekauft wurden | | | | |
| 2. | Umbuchung der Vorsteuer | | | | |
| 3. | Kauf einer Maschine auf Ziel | | | | |
| 4. | Verbrauch von Rohstoffen | | | | |
| 5. | Aufnahme eines Darlehens | | | | |
| 6. | Barentnahme des Unternehmers | | | | |
| 7. | periodengerechter Mieteingang auf unserem Bankkonto (auf diesem war bereits ein Guthaben) | | | | |
| 8. | Bestandsmehrung bei unfertigen Erzeugnissen | | | | |
| 9. | Schuldenerlass seitens der Bank | | | | |
| 10. | Bezug vollständig im Voraus bezahlter Betriebsstoffe | | | | |

| Aufgabe 6 der Klausur 3: | 20 Punkte | |
|---|---|---|

Berichtigen Sie die gegebenenfalls falschen und ergänzen die gegebenenfalls in der Buchhaltung fehlenden Buchungssätze zum 31.12.01. Geben Sie die damit verbundenen Erfolgsauswirkungen für das Jahr 01 an.

a) Brause bezahlt am 12.12.01 die geschäftliche Telefonrechnung des Monats November privat. Die Rechnung beträgt 200 EUR zzgl. offen ausgewiesener 38 EUR USt. Brause bucht: **(4 ½ Punkte)**

      Telefonaufwand      238     an    Verbindlichkeiten      238

b) Am 01.07.01 kauft Brause ein Kopiergerät mit vierjähriger Nutzungsdauer. Die Rechnung beträgt 2.000 EUR zzgl. offen ausgewiesener USt i. H. v. 380 EUR. Brause überweist noch am 01.07.01 einen Teilbetrag i. H. v. 1.800 EUR und bucht:

      Büroaufwand      1.800     an    Bank      1.800

Den Restbetrag i. H. v. 580 EUR zahlt er eine Woche später bei einem persönlichen Besuch aus privaten Mitteln und lässt diesen Vorgang in der Buchhaltung unberücksichtigt. **(6 ½ Punkte)**

c) Für sein betriebliches Lager zahlt Brause bereits im November 01 die Dezembermiete 01 und die Januarmiete 02 i. H. v. insgesamt 1.000 EUR. Umsatzsteuer wird in der Rechnung nicht ausgewiesen (brutto = netto). Buchung: **(4 ½ Punkte)**

      Mietaufwand       1.000     an   Bank          1.000

d) Eine Beratungsgesellschaft hat im Jahr 00 die Buchführungsabläufe in Brauses Unternehmen verbessert. Zum 31.12.00 wurde für diese Leistungen durch Brause eine Rückstellung i. H. v. 5.000 EUR gebildet. Die Rechnung der Beratungsgesellschaft ging am 28.11.01 ein und ergibt einen Nettobetrag von 5.500 EUR zzgl. 1.045 EUR offen ausgewiesener USt. Die Rechnung wurde durch Brause noch im Dezember 01 vom Geschäftskonto überwiesen. In der Bilanz zum 31.12.01 wird die Rückstellung (im Jahr 01 unverändert) mit 5.000 EUR ausgewiesen. **(4 ½ Punkte)**

# Aufgaben der Klausur 4

| Bearbeitungszeit: | 90 Minuten |
|---|---|
| Erreichte Gesamtpunktzahl: | ... Punkte von 90 Punkten |

| Aufgabe 1 der Klausur 4: | 3 Punkte | |
|---|---|---|

Erläutern Sie, was unter einer Stichprobeninventur zu verstehen ist!

| Aufgabe 2 der Klausur 4: | 16 Punkte | |
|---|---|---|

Richtig oder falsch? *Bitte beachten Sie:* Falsches Ankreuzen führt zu einem Punkt Abzug. Die Gesamtpunktzahl kann jedoch nicht negativ werden.

| | | richtig | falsch |
|---|---|---|---|
| 1. | Privateinlagen und Privatentnahmen sind erfolgswirksam. | | |
| 2. | Das Privatkonto wird über das Schlussbilanzkonto abgeschlossen. | | |
| 3. | Privatentnahmen werden im Haben gebucht. | | |
| 4. | Die Verbuchung des Warenverkaufs erfolgt zu Verkaufspreisen auf dem Konto „Warenverkauf". | | |
| 5. | Beim Abschluss des Kontos „Wareneinkauf" nach der Bruttomethode lautet der Buchungssatz: „Warenverkauf an Wareneinkauf". | | |
| 6. | Das Konto „Wareneinkauf" ist kein reines Aufwandskonto. | | |
| 7. | Das Konto „Wareneinkauf" ist ein „gemischtes Konto". | | |
| 8. | Beim Abschluss des Kontos „Wareneinkauf" nach der Bruttomethode lautet der Buchungssatz: „GuV-Konto an Wareneinkauf". | | |
| 9. | Lieferantenskonti bzw. erhaltene Skonti werden über das Konto „Warenverkauf" abgeschlossen. | | |
| 10. | Kundenskonti bzw. gewährte Skonti werden über das Konto „Warenverkauf" abgeschlossen. | | |
| 11. | Aktive Rechnungsabgrenzungsposten werden für Ausgaben des laufenden Geschäftsjahres gebildet, die erst im nächsten Geschäftsjahr Aufwand darstellen. | | |
| 12. | Aktive Rechnungsabgrenzungsposten werden für Aufwendungen des laufenden Geschäftsjahres gebildet, die erst Ausgaben im nächsten Geschäftsjahr darstellen. | | |
| 13. | Rückstellungen gehören zum Eigenkapital. | | |
| 14. | Rücklagen gehören zum Eigenkapital. | | |
| 15. | Rückstellungen werden über das GuV-Konto abgeschlossen. | | |
| 16. | Rückstellungen werden über das SBK abgeschlossen. | | |

| Aufgabe 3 der Klausur 4: | 10 Punkte | |
|---|---|---|

Geben Sie bitte jeweils einen Geschäftsvorfall mit Buchungssatz für die folgenden Sachverhalte an!

a)  Einnahme laufende Periode, Ertrag früher.
b)  Einnahme laufende Periode, Ertrag nie.
c)  Aufwand laufende Periode, Ausgabe später.
d)  Ausgabe laufende Periode, Aufwand später.
e)  Ausgabe laufende Periode, Aufwand nie.

| Aufgabe 4 der Klausur 4: | 13 Punkte | |
|---|---|---|

Berichtigen Sie die gegebenenfalls falschen und ergänzen die gegebenenfalls in der Buchhaltung fehlenden Buchungssätze zum 31.12.01. Geben Sie die damit verbundenen Erfolgsauswirkungen für das Jahr 01 an.

a)  Brause verkauft sein voll abgeschriebenes Unternehmens-Kfz für brutto 1.190 EUR gegen Überweisung und bucht: **(4 Punkte)**

    Bank           1.190   an  Fuhrpark        1.000

                                 USt          190

b)  Brause zahlt die Büromiete für Januar 01 i. H. v. 1.190 EUR brutto und bucht: **(4 ½ Punkte)**

    Gebäude       1.000   an  Bank            1.000

c)  Brause erwirbt am 02.01.01 eine Maschine mit dreijähriger Nutzungsdauer. Der Nettopreis für die Maschine beträgt 4.800 EUR, für die Montage der Maschine fallen noch 200 EUR an. Insgesamt werden 950 EUR USt offen ausgewiesen. Brause bucht: **(4 ½ Punkte)**

    Maschine          4.800

    Montageaufwand    200

    VSt                950   an  Bank            5.950

| **Aufgabe 5 der Klausur 4:** | **8 Punkte** | |

Bilden Sie die Buchungssätze für nachfolgende Geschäftsvorfälle!

a)  Wir entnehmen Geld aus der Kasse für private Zwecke.                        300

b)  Wir heben Geld für private Zwecke bei der Bank ab.                          200

c)  Wir bezahlen die Kfz-Steuer für unseren Privatwagen durch
    Banküberweisung vom Konto des Unternehmens.                                400

d)  Wir entnehmen aus dem Lager zwei Flaschen Whisky (netto).                  100

e)  Wir schenken einem guten Freund ein bisher betriebseigenes Kfz.
    Gemäß Gutachten hatte der Wagen einen Wert von:                          5.000
    Der Buchwert beträgt:                                                    4.000

f)  Nach einem Lottogewinn legen wir diesen in die Kasse ein.                4.000

| **Aufgabe 6 der Klausur 4:** | **12 Punkte** | |

a)  Erläutern Sie ausführlich, welche Schritte erforderlich sind, um Bestands-
    konten abzuschließen!

b)  Was wird unter Erfolgskonten verstanden?

c)  Wann ist eine Bilanzveränderung erfolgsneutral?

| **Aufgabe 7 der Klausur 4:** | **8 Punkte** | |

Willy Brause hat im Jahresabschluss unter der Bilanzposition „Forderungen" einen Betrag von 89.250 EUR ausgewiesen. Im Gesamtbetrag der Forderungen ist
eine Forderung des Kunden Karl Krause i. H. v. 17.850 EUR enthalten. Krause ist
seit längeren in Liquiditätsnöten. Unter Berücksichtigung der gebotenen vorsichtigen
Beurteilung gemäß kaufmännischer Sichtweise erscheint ein Forderungsausfall
i. H. v. 40 % als wahrscheinlich. Erfahrungsgemäß ist bei nicht einzelwertberich-
tigten Forderungen mit einem Ausfall von 3 % zu rechnen. Eine Pauschalwertberichtigung wurde bisher nicht gebildet.

Wie sind die Forderungen im Abschluss von Willy Brause zu bewerten? Geben
Sie die Buchungssätze an!

| **Aufgabe 8 der Klausur 4:** | **10 Punkte** | |

a) Geben Sie ein Beispiel für betriebsbedingten Aufwand und ein Beispiel für neutrale Erträge an.

b) Geben Sie an, ob es sich um einen betriebsbedingten Aufwand, einen betriebsbedingten Ertrag, einen neutralen Aufwand oder einen neutralen Ertrag handelt:
- Bank belastet Stückzinsen
- Kursverlust von Aktien
- Einsatz von Rohstoffen
- Gewerbesteuerrückerstattung
- Verkauf von fertigen Erzeugnissen
- Weiterbelastung von Wechseldiskont

c) Wie sind das „ordentliche" Betriebsergebnis, das „ordentliche" Finanzergebnis und das „außerordentliche" Ergebnis sowie der Gesamterfolg der Periode definiert?

| **Aufgabe 9 der Klausur 4:** | **10 Punkte** | |

Am 01.07.06 verkauft der Unternehmer Willy Brause eine Maschine, die im Januar 03 für 300.000 EUR angeschafft wurde. Die Nutzungsdauer der Maschine wurde auf fünf Jahre geschätzt. Der Nettoverkaufserlös beträgt 55.000 EUR.

a) Wie lauten die Buchungen im Jahr 06 (Nettomethode)?

b) Wie lautet die Buchung des Verkaufs (Nettomethode) im Jahr 06, falls der Nettoverkaufserlös 98.000 EUR beträgt?

# Aufgaben der Klausur 5

| Bearbeitungszeit: | 90 Minuten |
|---|---|
| Erreichte Gesamtpunktzahl: | ... Punkte von 90 Punkten |

| Aufgabe 1 der Klausur 5: | 14 Punkte | |
|---|---|---|

a) Stellen Sie kurz den Unterschied zwischen einem Kontenplan und einem Kontenrahmen in insgesamt zwei Sätzen dar! **(4 Punkte)**

b) Was bedeuten die Abkürzungen „IKR" und „GKR"? Nach welchem Schema ist der IKR und nach welchem der GKR aufgebaut? **(6 Punkte)**

c) Worüber informiert die Aktivseite und worüber die Passivseite der Bilanz? **(4 Punkte)**

| Aufgabe 2 der Klausur 5: | 10 Punkte | |
|---|---|---|

Sind die Aussagen richtig oder falsch? *Bitte beachten Sie:* Falsches Ankreuzen führt zu einem Punkt Abzug. Die Gesamtpunktzahl kann jedoch nicht negativ werden.

| | | richtig | falsch |
|---|---|---|---|
| 1. | Privateinlagen und Privatentnahmen verändern das Eigenkapital. | | |
| 2. | Privateinlagen werden im Haben gebucht. | | |
| 3. | Privatentnahmen werden im Soll gebucht. | | |
| 4. | Die Verbuchung des Warenverkaufs erfolgt zu Anschaffungskosten auf dem Konto „Warenverkauf". | | |
| 5. | Wird der Wareneinsatz parallel zum Warenverkauf gebucht, ist am Jahresende der rechnerische Endbestand immer gleich dem tatsächlichen Endbestand. | | |
| 6. | Das Konto „Wareneinkauf" ist ein reines Bestandskonto. | | |
| 7. | Beim Abschluss des Kontos „Wareneinkauf" nach der Nettomethode lautet der Buchungssatz: „Warenverkauf an Wareneinkauf". | | |
| 8. | Beim Abschluss des Kontos „Wareneinkauf" nach der Nettomethode lautet der Buchungssatz: „GuV-Konto an Wareneinkauf". | | |
| 9. | Lieferantenskonti bzw. erhaltene Skonti werden über das Konto „Wareneinkauf" abgeschlossen. | | |
| 10. | Kundenskonti bzw. gewährte Skonti werden über das Konto „Wareneinkauf" abgeschlossen. | | |

| Aufgabe 3 der Klausur 5: | 12 Punkte | |
|---|---|---|

Welche Geschäftsvorfälle bzw. Abschlussbuchungen liegen den folgenden Buchungssätzen zugrunde?

a) Wareneinkauf
   VSt              an    Verbindlichkeiten

b) USt              an    VSt

c) Verb.            an    Darlehen

d) GewSt            an    Rückstellungen

e) USt              an    Bank

f) Aufw. für Rohstoffe  an  Rohstoffe

g) Gehälter         an    Bank
                          Verbindlichkeiten ggü. FB
                          Verbindlichkeiten ggü. SV-Träger

h) Abschreibung     an    Fuhrpark

| Aufgabe 4 der Klausur 5: | 37 Punkte | |
|---|---|---|

Der Unternehmer Willy Brause hat zum 31.12. des Jahres die in nachfolgend dargestellter Hauptabschlussübersicht zu findende Summenbilanz erstellt. Darüber hinaus hat er noch die folgenden Abschlussangaben in dieser Übersicht zu berücksichtigen:

| | |
|---|---|
| Lineare Abschreibung auf Gebäude (AK: 400.000 EUR, ND: 50 Jahre) | |
| Degressive Abschreibung auf Maschinen (Abschreibungssatz 10 %) | |
| Degressive Abschreibung auf BGA (Abschreibungssatz 10 %) | |
| Abschreibung auf Forderungen | 5.500 EUR |
| Aktive Rechnungsabgrenzung von Mietaufwendungen | 500 EUR |
| Passive Rechnungsabgrenzung von Mieterträgen | 600 EUR |
| Sonstige Forderungen für noch gutzuschreibende Zinserträge | 150 EUR |
| Sonstige Verbindlichkeiten für rückständige Zinsaufwendungen | 200 EUR |
| Bildung einer Rückstellung für unterlassene Reparaturen | 2.500 EUR |
| Inventurbestand Rohstoffe | 74.000 EUR |
| Inventurbestand Fertige Erzeugnisse | 9.750 EUR |

Geben Sie die abschlussvorbereitenden Buchungen innerhalb der Spalte „Umbuchungen" an! Vervollständigen Sie zudem die Hauptabschlussübersicht!

| | Summenbilanz | | Saldenbilanz I | | Umbuchungen | | Saldenbilanz II | | Abschlussbilanz | | Erfolgsbilanz | |
|---|---|---|---|---|---|---|---|---|---|---|---|---|
| | Soll | Haben | Soll | Haben | Soll | Haben | Soll | Haben | Aktiva | Passiva | Aufwand | Ertrag |
| Gebäude | 400.000 | | | | | | | | | | | |
| Maschinen | 350.000 | | | | | | | | | | | |
| BGA | 150.000 | | | | | | | | | | | |
| Kasse | 47.800 | 41.150 | | | | | | | | | | |
| Bank | 700.000 | 660.000 | | | | | | | | | | |
| Rohstoffe | 200.000 | 125.000 | | | | | | | | | | |
| Fertige Erzeugnisse | 40.000 | 30.000 | | | | | | | | | | |
| Forderungen aLuL. | 600.000 | 490.000 | | | | | | | | | | |
| Zweifelhafte Ford. | 15.000 | | | | | | | | | | | |
| Sonstige Forderungen | 10.000 | | | | | | | | | | | |
| Vorsteuer | 26.100 | 6.000 | | | | | | | | | | |
| ARAP | | | | | | | | | | | | |
| Eigenkapital | | 652.650 | | | | | | | | | | |
| Privat | 10.000 | | | | | | | | | | | |
| Rückstellungen | 4.000 | 25.000 | | | | | | | | | | |
| Bankdarlehen | 25.000 | 125.000 | | | | | | | | | | |
| Verbindlichkeiten aLuL | 405.000 | 480.000 | | | | | | | | | | |
| Umsatzsteuer | | 41.200 | | | | | | | | | | |
| Sonstige Verb. | | 5.000 | | | | | | | | | | |
| PRAP | | | | | | | | | | | | |
| Umsatzerlöse | | 1.200.000 | | | | | | | | | | |
| Zinsertrag | | 10.000 | | | | | | | | | | |
| Mietertrag | | 9.000 | | | | | | | | | | |
| Löhne und Gehälter | 747.500 | | | | | | | | | | | |
| Arbeitgeberanteile | 99.500 | | | | | | | | | | | |
| Abschr. auf Anlagen | | | | | | | | | | | | |
| Abschr. auf Ford. | | | | | | | | | | | | |
| Zinsaufwand | 5.000 | | | | | | | | | | | |
| Mietaufwand | 12.000 | | | | | | | | | | | |
| Sonstige Aufwendungen | | | | | | | | | | | | |
| Aufwendungen für Rohst. | | | | | | | | | | | | |
| Bestandsveränderungen | 53.100 | | | | | | | | | | | |
| | 3.900.000 | 3.900.000 | | | | | | | | | | |

| Aufgabe 5 der Klausur 5: | 17 Punkte | |

a) Welche drei Grundtypen von Forderungen lassen sich im Hinblick auf deren bilanzielle Bewertung unterscheiden? Wie sind diese zu bewerten?

b) Was wird unter „indirekter Abschreibung" von Forderungen verstanden?

c) Nennen und erläutern Sie vier Grundsätze ordnungsmäßiger Buchführung!

d) Erläutern Sie, wie Anlage- und Umlaufvermögen unterschieden werden!

# Aufgaben der Klausur 6

| Bearbeitungszeit: | 90 Minuten |
|---|---|
| Erreichte Gesamtpunktzahl: | ... Punkte von 90 Punkten |

| Aufgabe 1 der Klausur 6: | 11 Punkte | |
|---|---|---|

Welche Geschäftsvorfälle bzw. Abschlussbuchungen liegen den folgenden Buchungssätzen zugrunde?

a)  Bank              an    Zinsertrag
    Zinsertrag       an    PRAP

b)  Forderungen      an    Warenverkauf
                           USt

c)  Kasse            an    Privat

d)  Bank             an    Maschinen
                           USt
                           Periodenfremder Ertrag

e)  Privat           an    Entnahme v.G.u.s.L.
                           USt

f)  Verb.            an    Bank
                           VSt
                           Erhaltene Skonti

g)  Warenverkauf     an    Wareneinkauf

| Aufgabe 2 der Klausur 6: | 10 Punkte | |
|---|---|---|

Sind die Aussagen richtig oder falsch? *Bitte beachten Sie:* Falsches Ankreuzen führt zu einem Punkt Abzug. Die Gesamtpunktzahl kann jedoch nicht negativ werden.

| | | richtig | falsch |
|---|---|---|---|
| 1. | Lieferantenskonti bzw. erhaltene Skonti werden wie folgt umgebucht: „Lieferantenskonti an Wareneinkauf". | | |
| 2. | Kundenskonti bzw. gewährte Skonti werden wie folgt umgebucht: „Warenverkauf an Kundenskonti". | | |
| 3. | Werden Waren vom belieferten Betrieb A an den Lieferanten B zurückgeschickt, dann handelt es sich um einen Ertrag bei B. | | |

|      |                                                                                                                                                                               | richtig | falsch |
|------|-------------------------------------------------------------------------------------------------------------------------------------------------------------------------------|---------|--------|
| 4.   | Steigt der Bestand des Lagers der fertigen Erzeugnisse und erfolgt keine ertragswirksame Berücksichtigung, dann wird der Erfolg der Periode zu niedrig ausgewiesen.            |         |        |
| 5.   | Durch den allgemeinen Buchungssatz „fertige Erzeugnisse an Bestandserhöhung" wird der Ertrag der Periode um den Wert der Lagerbestandszunahme erhöht.                          |         |        |
| 6.   | Im Falle der Lagerbestandsabnahme werden im GuV-Konto auf der Sollseite die Aufwendungen für die produzierten Erzeugnisse der laufenden Periode und der Wert der Bestandsminderungen aufgeführt. |         |        |
| 7.   | Abschreibungen werden in der Buchführung von den Wiederbeschaffungskosten vorgenommen, weil in vielen Fällen die Preise der Vermögensgegenstände steigen.                     |         |        |
| 8.   | Wird eine Maschine „frei Haus" geliefert, dann sind diese Aufwendungen als Anschaffungsnebenkosten zu aktivieren.                                                             |         |        |
| 9.   | Die Aktivierung von Anschaffungskosten erfolgt immer zum Bruttopreis (d. h. inklusive USt).                                                                                  |         |        |
| 10.  | Werden beim Erwerb einer Maschine Rabatte gewährt, muss die Aktivierung zum Nettopreis erfolgen, der die Rabatte berücksichtigt.                                              |         |        |

| **Aufgabe 3 der Klausur 6:** | **15 Punkte** |  |
|---|---|---|

Vollziehen Sie in den Bilanzen bitte die Veränderungen, welche sich durch die nachfolgenden Geschäftsvorfälle ergeben! Gehen Sie dabei immer von der vorangegangenen Bilanz aus! Umsatzsteuer ist bei dieser Aufgabe nicht zu berücksichtigen.

a)   Willy Brause eröffnet sein Unternehmen „Rostbrätelstube" mit einer Bareinlage i. H. v. 2.000 EUR.

Bilanz (a)

b)   Willy Brause nimmt bei der attraktiven Sparkassenkauffrau der Sparkasse Ilmenau ein Darlehen i. H. v. 7.000 EUR auf.

Bilanz (b)

c)  Willy Brause kauft sich einen hochmodernen Grill zu einem Preis i. H. v.
    3.000 EUR, welchen er sofort per Überweisung bezahlt.

                              Bilanz (c)

d)  Willy Brause kauft Rostbrätel und anderes Grillgut beim Metzger Meier sowie
    Ketchup und Holzkohle zu einem Preis i. H. v. insgesamt 1.500 EUR und be-
    zahlt bar.

                              Bilanz (d)

e)  Die erste Tilgungsrate seines Darlehens wird fällig. Die Sparkasse belastet
    Willys Konto i. H. v. 500 EUR.

                              Bilanz (e)

f)  Willy Brause verkauft vor der Mensa der Hochschule Rostbrätel zu einem Preis
    von insgesamt 500 EUR in bar, wobei der Einkaufspreis der veräußerten
    Rostbrätel 300 EUR betrug.

                              Bilanz (f)

| Aufgabe 4 der Klausur 6: | 54 Punkte | |
|---|---|---|

Der Unternehmer Willy Brause hat zu Beginn des Jahres 02 folgende Bestände (alle Angaben in EUR) ermittelt:

| | | | |
|---|---|---|---|
| Gebäude | 80.000 | Maschinen | 35.000 |
| BGA | 15.000 | Rohstoffe | 21.000 |
| Waren | 17.000 | Forderungen | 18.000 |
| Betriebsstoffe | 3.000 | Hilfsstoffe | 5.000 |
| fertige Erzeugnisse | 9.000 | unfertige Erzeugnisse | 13.000 |
| Bank | 32.000 | Kasse | 47.000 |
| Rückstellung | 51.000 | Darlehen | 100.000 |
| Verbindlichkeiten aLuL | 53.000 | Sonstige Verbindlichkeiten | 12.000 |
| USt | 9.000 | Eigenkapital | 70.000 |

Geschäftsvorfälle:

1) Wareneinkauf auf Ziel (netto)            10.000
     Bezugskosten (netto)            1.000
2) Warenverkauf auf Ziel (netto) an Kunden Max      40.000
3) Kunde Max sendet 25 % der Waren mit Mängelrüge zurück      10.000
4) Zahlung der Gewerbesteuer (GewSt) durch Banküberweisung      12.000
5) Wir überweisen die Januarmiete 03 bereits im Dezember 02 (brutto)      595
6) Wareneinkauf auf Ziel (brutto)      20.825
7) Der Lieferant gewährt uns bei Zahlung einen Bonus (brutto)      952
8) Wir bezahlen die Darlehenszinsen für 02 erst im Januar 03      5.000
9) Einsatz von Rohstoffen per Entnahmeschein      15.000
10) Einsatz von Hilfsstoffen per Entnahmeschein      3.000
11) Wir bezahlen eine Verbindlichkeit durch Banküberweisung      15.000
12) Verkauf von fertigen Erzeugnissen auf Ziel (brutto)      11.900
13) Warenverkauf auf Ziel (brutto)      29.750
14) Der Kunde aus 13) überweist pünktlich und berücksichtigt dabei die von uns gewährten 2 % Skonto
15) Barentnahme durch den Unternehmer      2.000
16) Verkauf einer Maschine (Buchwert = 10.000);
     Überweisungsbetrag:      14.280
17) Jahresabschreibung des Gebäudes, linear, ND = 50 Jahre,
     AK = 100.000

Inventurbestände:

| | |
|---|---:|
| 18) Warenbestand gemäß Inventur | 1.000 |
| 19) Bestand an Betriebsstoffen gemäß Inventur | 2.000 |
| 20) Bestand der fertigen Erzeugnisse gemäß Inventur | 1.000 |
| 21) Bestand der unfertigen Erzeugnisse gemäß Inventur | 25.000 |
| 22) Bestand an Hilfsstoffen gemäß Inventur | 2.000 |

Bilden Sie die Buchungssätze, verbuchen Sie die Geschäftsvorfälle und schließen Sie die Konten ab! Die getrennten Warenkonten sind nach dem Bruttoverfahren abzuschließen.

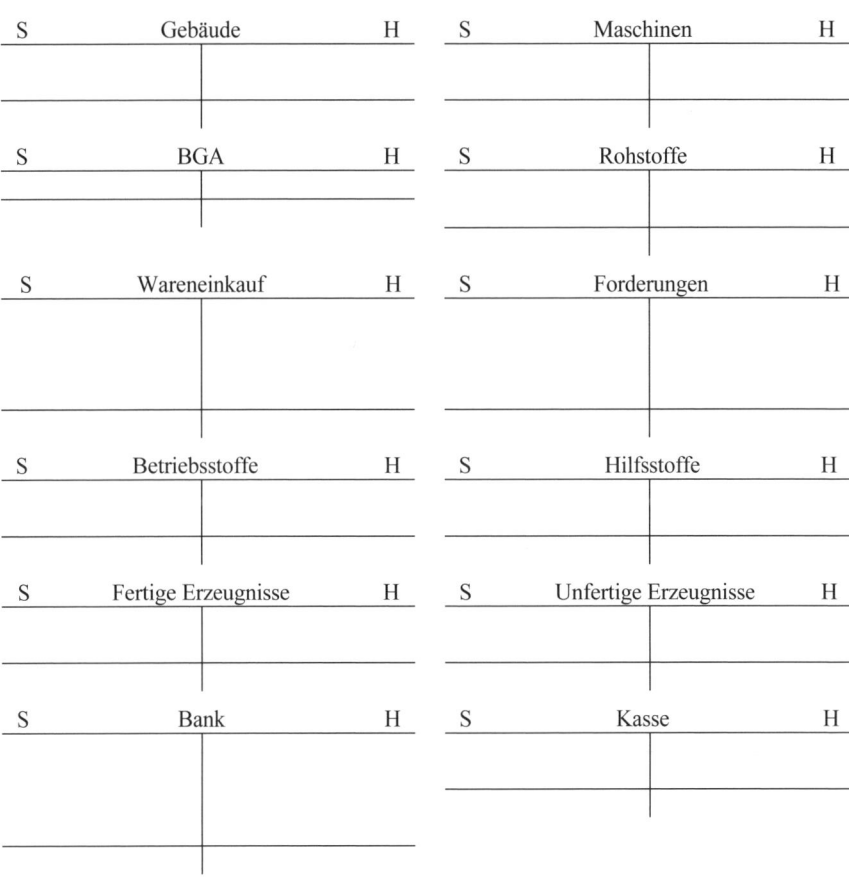

S    Gebäude    H        S    Maschinen    H

S    BGA    H        S    Rohstoffe    H

S    Wareneinkauf    H        S    Forderungen    H

S    Betriebsstoffe    H        S    Hilfsstoffe    H

S    Fertige Erzeugnisse    H        S    Unfertige Erzeugnisse    H

S    Bank    H        S    Kasse    H

| S | Vorsteuer | H | S | Umsatzsteuer | H |
|---|-----------|---|---|--------------|---|

| S | Rückstellungen | H | S | Darlehen | H |
|---|----------------|---|---|----------|---|

| S | Verb. aLuL | H | S | Sonstige Verb. | H |
|---|------------|---|---|----------------|---|

| S | Eigenkapital | H | S | Warenverkauf | H |
|---|--------------|---|---|--------------|---|

| S | Gewerbesteuer | H | S | Erhalt. Warenboni | H |
|---|---------------|---|---|-------------------|---|

| S | Zinsaufw. | H | S | Aufw. für Rohstoffe | H |
|---|-----------|---|---|---------------------|---|

| S | Aufw. für Hilfsstoffe | H | S | Aufw. für Betriebsstoffe | H |
|---|-----------------------|---|---|--------------------------|---|

| S | Gew. Skonti | H | S | Privat | H |
|---|-------------|---|---|--------|---|

| S | ARAP | H | S | S. b. Erträge | H |
|---|------|---|---|---------------|---|

| S | Bezugskosten | H | S | Abschreibungen | H |
|---|--------------|---|---|----------------|---|

| S   Umsatzerlöse (Fertige Erzeugnisse)   H | S          Bestandsveränderungen          H |
|---|---|
|  |  |

| S            SBK            H | S            GuV-Konto            H |
|---|---|
|  |  |

# Aufgaben der Klausur 7

| Bearbeitungszeit: | 90 Minuten |
|---|---|
| Erreichte Gesamtpunktzahl: | … Punkte von 90 Punkten |

| Aufgabe 1 der Klausur 7: | 8 Punkte | |
|---|---|---|

Geben Sie bitte jeweils ein Beispiel (Geschäftsvorfall) für die folgenden Sachverhalte an!

a) Ausgabe laufende Periode, Aufwand laufende Periode.

b) Ausgabe laufende Periode, Aufwand früher.

c) Ausgabe laufende Periode, Aufwand später.

d) Ausgabe laufende Periode, Aufwand nie.

e) Ertrag laufende Periode, Einnahme laufende Periode.

f) Ertrag laufende Periode, Einnahme früher.

g) Ertrag laufende Periode, Einnahme später.

h) Ertrag laufende Periode, Einnahme nie.

| Aufgabe 2 der Klausur 7: | 10 Punkte | |
|---|---|---|

Sind die Aussagen richtig oder falsch? *Bitte beachten Sie:* Falsches Ankreuzen führt zu einem Punkt Abzug. Die Gesamtpunktzahl kann jedoch nicht negativ werden.

| | | richtig | falsch |
|---|---|---|---|
| 1. | Lieferantenskonti bzw. erhaltene Skonti werden wie folgt umgebucht: „Wareneinkauf an Lieferantenskonti". | | |
| 2. | Kundenskonti bzw. gewährte Skonti werden wie folgt umgebucht: „Kundenskonti an Warenverkauf". | | |
| 3. | Bei der Verbuchung von Rücksendungen muss eine Umsatzsteuerkorrektur erfolgen, weil sich die Bemessungsgrundlage für die USt nachträglich geändert hat. | | |
| 4. | Ist die produzierte Menge kleiner als die abgesetzte Menge, ergeben sich hieraus nur dann erfolgswirksame Konsequenzen, wenn ein Endbestand zu verzeichnen ist. | | |
| 5. | Im Falle der Lagerbestandsabnahme wird auf dem Bestandskonto „fertige Erzeugnisse" eine Buchung auf der Sollseite vorgenommen. | | |

| | | richtig | falsch |
|---|---|---|---|
| 6. | Durch den allgemeinen Buchungssatz „Bestandserhöhung an fertige Erzeugnisse" wird der Ertrag der Periode um den Wert der Lagerzunahme erhöht. | | |
| 7. | Steuerliche und handelsrechtliche Herstellungskosten stimmen immer überein. | | |
| 8. | Die Aktivierung von Anschaffungsnebenkosten verfolgt das Ziel einer periodengerechten Gewinnermittlung. | | |
| 9. | Die Aktivierung von Anschaffungskosten erfolgt immer zum Nettopreis (d. h. ohne USt). | | |
| 10. | Eine Pauschalabschreibung von Forderungen ist üblich, wenn sich der Forderungsbestand aus wenigen Forderungen zusammensetzt, die jeweils einen hohen Betrag aufweisen. | | |

| **Aufgabe 3 der Klausur 7:** | **10 Punkte** | |
|---|---|---|

Kreuzen Sie an, ob es sich bei den folgenden Geschäftsvorfällen um einen Aktivtausch, einen Passivtausch, eine Aktiv-Passiv-Mehrung oder eine Aktiv-Passiv-Minderung handelt. Die Umsatzsteuer ist nicht zu berücksichtigen. *Annahme:* Erfolgswirksame Aspekte werden über das Eigenkapital verbucht. *Bitte beachten Sie:* Falsches Ankreuzen führt zu einem Punkt Abzug. Die Gesamtpunktzahl kann jedoch nicht negativ werden.

| | | Aktiv-tausch | Passiv-tausch | Aktiv-Passiv-Mehrung | Aktiv-Passiv-Minde-rung |
|---|---|---|---|---|---|
| 1. | Skontoabzug auf Ausgangsrechnung | | | | |
| 2. | Barentnahme des Unternehmers | | | | |
| 3. | Umbuchung der Vorsteuer | | | | |
| 4. | Banküberweisung an Lieferanten | | | | |
| 5. | Bestandsmehrung bei unfertigen Erzeugnissen | | | | |
| 6. | Unsere Banküberweisung für Miete | | | | |
| 7. | Kauf einer Maschine auf Kredit | | | | |
| 8. | Bezug voll voraus bezahlter Betriebsstoffe | | | | |
| 9. | Verbrauch von Rohstoffen | | | | |
| 10. | Schuldenerlass seitens eines Lieferanten | | | | |

| **Aufgabe 4 der Klausur 7:** | **14 Punkte** | |

Unternehmer Willy Brause verkauft eine Maschine für 15.000 EUR zzgl. Umsatzsteuer. Der Restbuchwert der Maschine beträgt

    a)   12.000 EUR bzw.

    b)   18.000 EUR.

Bilden Sie die Buchungssätze nach der „Nettomethode" und der „Bruttomethode"!

| **Aufgabe 5 der Klausur 7:** | **13 Punkte** | |

Geben Sie die Buchungssätze für nachfolgende Geschäftsvorfälle an (alle Angaben in EUR)!

1. Eine fällige Forderung über 5.750,00 wird per Wechsel beglichen.

2. Wir geben den Wechsel zum Diskont; die Bank schreibt uns diesen gemäß folgender Abrechnung gut:

    Wechselbetrag        5.750,00
    Diskont               86,25
    Spesen                 2,00
    Gutschrift         5.661,75

3. Wir belasten den Bezogenen mit folgender Abrechnung:

    Diskont (auf Wechselsumme)   86,25
    Spesen (inklusive USt)        11,90
                              98,15

4. Der Kunde überweist den Betrag.

5. Wir zahlen per Akzept eine Verbindlichkeit von 1.500,00.

6. Wir werden mit den Wechselkosten belastet:

    Diskont               99,00
    Spesen (inklusive USt)        23,80
                           122,80

7. Wir bezahlen die Wechselkosten.

8. Wir lösen den Schuldwechsel ein.

| **Aufgabe 6 der Klausur 7:** | **35 Punkte** | |

Welche Geschäftsvorfälle bzw. Abschlussbuchungen liegen folgenden Buchungen zugrunde?

1.  Wareneinkauf
    VSt                    an    Kasse
                                    Erhalt. Skonti

2.  Verbindlichkeiten    an    Schuldwechsel

3.  Bank                    an    Erlöse aus Anlageabgang (BG)
                                    USt

    Erlöse a. Anlageabgang (BG)  an    Maschinen

    Erlöse a. Anlageabgang (BG)  an    Gew. aus Anlagenabgängen

4.  Abschreibungen a. Ford.  an    Wertberichtigung von Forderungen

5.  KSt-Rückstellung    an    Bank
                                    S. b. Erträge

6.  Bank                    an    Zinsertrag

    Zinsertrag          an    PRAP

7.  Maschinen          an    aktivierte Eigenleistungen

8.  Kasse
    gewährte Skonti    an    Warenverkauf
                                    USt

9.  Privat                an    Entnahme v.G.u.s.L.
                                    USt

10. AG-Anteil zur SV    an    Verb. ggü. SV

11. Forderungen gg. Personal  an    Bank

12. Abschreibung        an    Gebäude

13. Bank                  an    Forderungen

14. Fuhrpark           an    Verbindlichkeiten

15. Forderungen        an    Warenverkauf
                                    USt

16. USt                     an    Bank

17. Aufw. Betriebsstoffe    an    Betriebsstoffe

18. GuV-Konto         an    Wareneinkauf

19. Warenverkauf     an    Wareneinkauf

# Aufgaben der Klausur 8

| Bearbeitungszeit: | 90 Minuten |
|---|---|
| Erreichte Gesamtpunktzahl: | ... Punkte von 90 Punkten |

| Aufgabe 1 der Klausur 8: | 30 Punkte | |
|---|---|---|

Ihre ehemalige Klassenkameradin Emma Weinhaus, die von allen nur liebevoll Emmy genannt wird, ist mittlerweile als begnadete Volksmusikinterpretin nicht nur in ihrer Wahlheimat Thüringen bekannt. Sie treffen Emmy überraschenderweise beim letzten Rennsteiglauf in Schmiedefeld. Sie kommen mit Emmy ins Gespräch und diese ist hocherfreut, dass Sie nunmehr Betriebswirtschaftslehre studieren. Schließlich hat sie vor kurzem ihr Mikrofon und ihr Akkordeon an den berühmten Nagel gehängt und möchte nun ein Unternehmen gründen. Sie hat vor, mit Thüringer Wurst- und Fleischspezialitäten sowie Souvenirs zu handeln. Beantworten Sie die Fragen, die Emmy Ihnen vor Ort und später am Telefon stellt:

a) Emmy möchte wissen, ob sie buchführungspflichtig ist. Welche Hinweise können Sie ihr diesbezüglich geben? Antworten Sie ihr systematisch! **(5 Punkte)**

b) Erstellen Sie eine Eröffnungsbilanz aus folgenden ungeordneten Posten, die Emmy in ihrem Inventar findet: **(9 Punkte)**

| | | |
|---|---|---|
| – | Forderungen gegen Willy Brause i. H. v. | 16.000 EUR |
| – | 87 Figuren „Schalke Erwin" zu je 2 EUR = | 174 EUR |
| – | Hypothekendarlehen bei der Spaß-Bank, Manebach | 15.000 EUR |
| – | Grundstück in der Wolfsschlucht, Oberhof | 30.000 EUR |
| – | Guthaben bei der Schein-Bank, Liechtenstein | 3.333 EUR |
| – | Verbindlichkeiten gegenüber Rudi A. Sauer | 5.500 EUR |
| – | 100 Nussknacker „Erzgebirge" zu je 3 EUR = | 300 EUR |
| – | Bargeld | 1.111 EUR |
| – | Kühlschrank | 1.000 EUR |

c) Emmy hat ein Fahrzeug für 47.600 EUR brutto erworben, welches eine Nutzungsdauer von acht Jahren hat. Dieses soll handelsrechtlich mit einem Abschreibungssatz i. H. v. 30 % erst einmal geometrisch-degressiv abgeschrieben werden. (Das ist handelsrechtlich möglich, weil die jeweilige Begrenzung bzw. das Verbot nur steuerrechtlich greift.) Auch das erste Jahr soll mit zwölf Monaten bei der Abschreibung berücksichtigt werden. Im Laufe der Nutzungsdauer möchte Emmy auf die lineare Abschreibung wechseln. Sie möchte beim Wechsel jene Periode wählen, die ihr frühzeitig die größten Aufwendungen beschert. Erstellen Sie den Abschreibungsplan und geben Sie für jedes Jahr den Buchwert zu Jahresbeginn und zum Jahresende sowie den Abschreibungsbetrag und die Abschreibungsmethode an! Runden Sie hierbei auf volle EUR-Beträge! **(16 Punkte)**

| Jahr | Buchwert zu Periodenbeginn | Abschreibungs-methode | Abschreibungs-betrag | Buchwert zu Periodenende |
|------|---------------------------|----------------------|---------------------|--------------------------|
| 1    |                           |                      |                     |                          |
| 2    |                           |                      |                     |                          |
| 3    |                           |                      |                     |                          |
| 4    |                           |                      |                     |                          |
| 5    |                           |                      |                     |                          |
| 6    |                           |                      |                     |                          |
| 7    |                           |                      |                     |                          |
| 8    |                           |                      |                     |                          |

| **Aufgabe 2 der Klausur 8:** | **45 Punkte** | |
|------------------------------|---------------|--|

Helfen Sie Emmy, indem Sie die Buchungssätze für die folgenden Geschäftsvorfälle bilden.

a) Emmy erwirbt Frischfleisch i. H. v. 2.000 EUR (netto), welches sie sofort bar bezahlt. **(2 Punkte)**

b) Beim Ostseeurlaub hat sie beobachtet, dass andere Urlauber Strandsand käuflich erwerben. Sie möchte diese Geschäftsidee imitieren und Schnee an die Urlauber in Thüringen veräußern. Für ihren Handel mit Thüringer Schnee erwirbt sie eine große Kühltruhe zu einem Nettoabgabepreis von 10.000 EUR. Der Lieferant gewährt ihr einen Rabatt auf den Nettoabgabepreis i. H. v. 19 %. Emmy bezahlt auf Ziel. **(3 Punkte)**

c) Emmy bezahlt eine offene Rechnung pünktlich und kann somit Skonto i. H. v. 4 % ziehen. Emmy überweist 22.848 EUR. **(3 Punkte)**

d) Emmy zahlt 600 EUR auf das Unternehmenskonto bei der Bank ein, weil sie am Wochenende nicht so viel Bargeld im Unternehmen haben möchte. Dieses Geld hatte sie dort aus Sicherheitsgründen in einer Schatulle deponiert, welche sie in ihrem Warenlager versteckt hatte. **(1 Punkt)**

e) Emmy kauft Briefmarken für die Geschäftspost und bezahlt die insgesamt anfallenden 23,80 EUR bar. **(1 Punkt)**

f) Emmy entnimmt Schnee aus ihrem Unternehmen i. H. v. 500 EUR (netto), um hiermit ihre Freunde zu beglücken. **(2 Punkte)**

g) Emmys Kunde Martin Semmelflocke sendet noch nicht bezahlten Schnee zurück, weil dieser nicht – wie im Prospekt versprochen – schneeweiß war. Emmy schreibt ihm den Rechnungsbetrag i. H. v. 200 EUR (netto) gut. **(2 Punkte)**

h) Emmy bucht die Abschreibungen für ihr Fahrzeug für das dritte Jahr (gemäß Aufgabe 1 c) direkt. **(1 Punkt)**

i) Emmy verliert einen laufenden Prozess und muss 5.000 EUR Schadenersatz, welcher nicht der Umsatzsteuer unterliegt, leisten. Diesen Betrag überweist sie sofort, wobei sie berücksichtigt, dass sie hierfür 3.000 EUR zurückgestellt hat. **(2 Punkte)**

j) Im Rahmen der Jahresabschlussvorbereitung stellt Emmy fest, dass sie am 01.09. für zwölf Monate 10.000 EUR bei der Bank angelegt hat. Die Zinsen i. H. v. 6 % p. a. werden durch die Bank endfällig gutgeschrieben. Buchen Sie (lediglich) die Erfolgsabgrenzung sowohl im Jahr der Geldanlage als auch im Jahr des Zinszuflusses. **(3 Punkte)**

k) Emmy zahlt Miete jeweils am 01.05. und am 01.11. im Voraus per Überweisung. Monatlich sind 1.190 EUR (brutto) zu leisten. Erstellen Sie die Buchungssätze für die Mietzahlung zum 01.11. sowie zum Jahresende und zum Jahresanfang. **(4 Punkte)**

l) Emmy sendet die Hälfte der Ware aus a) an ihren Lieferanten zurück, weil es sich hierbei um Gammelfleisch handelte. Der Lieferant bestätigt die Rücksendung. Die Zahlung soll aber später erfolgen. **(2 Punkte)**

m) Emmy verklagt den Lieferanten auf Schadenersatzleistung i. H. v. 7.000 EUR, weil sie ihren guten Ruf gefährdet sieht. Für die umsatzsteuerfreie Leistung der Einreichung der Klageschrift sendet Emmys Anwalt eine Rechnung an Emmy i. H. v. 500 EUR. **(2 Punkte)**

n) Emmy verkauft eine Figur „Schalke Erwin" für (netto) 5 EUR. Sie bekommt die Gegenleistung „bar auf die Hand". **(2 Punkte)**

o) Zum Jahresende wird festgestellt, dass vom gesamten Bestand an Forderungen aus Lieferungen und Leistungen (brutto: 120.445 EUR) zwei Forderungen über insgesamt 30.000 EUR (netto) als zweifelhaft einzustufen sind. Eine Forderung (Forderung A) davon i. H. v. 10.000 EUR (netto) fällt endgültig zu 60 % aus. Die andere Forderung (Forderung B) fällt wahrscheinlich zu 70 % aus. **(4 Punkte)**

p) Für allgemeine Forderungsausfälle sind im Hinblick auf Sachverhalt o) die Pauschalwertberichtigungen i. H. v. 5 % zu bilden und zu buchen. Runden Sie hierzu auf die nächsten vollen eintausend EUR (auf) und berücksichtigen Sie, dass der Bestand an Pauschalwertberichtigungen zum Jahresanfang 1.000 EUR betrug. **(3 Punkte)**

q) Im Folgejahr sind für die unter o) betrachteten Schulden Zahlungseingänge auf dem Konto zu verzeichnen: Hinsichtlich der Forderung A gehen insgesamt 4.760 EUR ein. Bezüglich der Forderung B gehen 5.950 EUR ein, womit der Sachverhalt als abgeschlossen gilt. **(4 Punkte)**

r) Emmy zahlt das Gehalt an ihre Verkäuferin per Überweisung. Diese erhält brutto 3.000 EUR. Arbeitgeber und Arbeitnehmer müssen insgesamt 1.600 EUR Sozialabgaben leisten. An Steuern werden 900 EUR abgezogen. Nennen Sie alle Buchungssätze, die bei der Zahlung zu berücksichtigen sind. **(4 Punkte)**

| Aufgabe 3 der Klausur 8: | 8 Punkte | |
|---|---|---|

Geben Sie bitte jeweils einen Geschäftsvorfall für folgende Sachverhalte an!

a) Einnahme laufende Periode, Ertrag laufende Periode.

b) Einnahme laufende Periode, Ertrag später.

c) Aufwand laufende Periode, Ausgabe laufende Periode.

d) Aufwand laufende Periode, Ausgabe nie.

| Aufgabe 4 der Klausur 8: | 7 Punkte | |
|---|---|---|

Wie lauten jeweils die erforderlichen Buchungen in den Jahren 01 und 02?

a)  Die Feuerversicherung i. H. v. 3.000 EUR für das Betriebsgebäude wird am
    26.09.01 durch Banküberweisung für die Zeit vom 01.10.01 bis 31.03.02 im
    Voraus bezahlt.

b)  Laut vorliegender Abrechnung des Vertreters V für den Monat Dezember 01
    hat dieser 18.445 EUR einschließlich 19 % USt Provision zu beanspruchen.
    Die Provision wird am 10.01.02 durch das buchende Unternehmen per Über-
    weisung gezahlt.

c)  Am 20.12.01 hat der Unternehmer U die Feuerversicherungsprämie i. H. v.
    1.500 EUR für sein privates Mietwohngrundstück für die Zeit vom 01.12.01
    bis 30.11.02 vom betrieblichen Bankkonto überwiesen.

# Aufgaben der Klausur 9

| | |
|---|---|
| Bearbeitungszeit: | 90 Minuten |
| Erreichte Gesamtpunktzahl: | … Punkte von 90 Punkten |

| | | |
|---|---|---|
| Aufgabe 1 der Klausur 9: | 8 Punkte | |

Nennen Sie einen anderen Begriff für die folgenden deutschen Bezeichnungen:

a) gezogener Wechsel  b) Wechselnehmer
c) angenommener Wechsel  d) Weitergabevermerk
e) Wechselaussteller  f) eigener Wechsel
g) Bezogener  h) Rückgriff

| | | |
|---|---|---|
| Aufgabe 2 der Klausur 9: | 12 Punkte | |

Kreuzen Sie an, ob es sich bei den folgenden Geschäftsvorfällen um einen Aktivtausch, einen Passivtausch, eine Aktiv-Passiv-Mehrung oder eine Aktiv-Passiv-Minderung handelt. Die Umsatzsteuer ist nicht zu berücksichtigen. *Annahme:* Erfolgswirksame Aspekte werden über das Eigenkapital verbucht. *Bitte beachten Sie:* Falsches Ankreuzen führt zu einem Punkt Abzug. Die Gesamtpunktzahl kann jedoch nicht negativ werden.

| | Aktiv-tausch | Passiv-tausch | Aktiv-Passiv-Mehrung | Aktiv-Passiv-Minde-rung |
|---|---|---|---|---|
| 1. Verbrauch von Hilfsstoffen | | | | |
| 2. Eingang der Maklerrechnung für unseren Gebäudekauf | | | | |
| 3. Prolongation unseres Akzeptes | | | | |
| 4. Bestandsminderung bei den fertigen Erzeugnissen | | | | |
| 5. Kauf eines Kfz auf Ziel | | | | |
| 6. Umwandlung einer Lieferantenschuld in eine Wechselschuld | | | | |
| 7. Lieferantenskonto | | | | |
| 8. Rücksendung von Rohstoffen, die auf Ziel gekauft wurden | | | | |

| | | Aktiv-tausch | Passiv-tausch | Aktiv-Passiv-Mehrung | Aktiv-Passiv-Minde-rung |
|---|---|---|---|---|---|
| 9. | Kundenskonto | | | | |
| 10. | vom Darlehensgläubiger berechnete Zinsen werden nicht sofort bezahlt | | | | |
| 11. | Barzahlung der Eingangsfracht für Betriebsstoffe | | | | |
| 12. | Barabhebung vom Bankkonto | | | | |

| Aufgabe 3 der Klausur 9: | 10 Punkte | |
|---|---|---|

Gegeben sei folgendes Schlussbilanzkonto (SBK). Welche Fehler können Sie erkennen? Geben Sie eine kurze Erläuterung der Fehler!

| Haben | SBK zum 01. Januar 01 | | Soll |
|---|---|---|---|
| Eigenkapital | 250.000,00 € | Verbindlichkeiten | 90.000,00 € |
| Rückstellungen | 28.000,00 € | Bank | 80.000,00 $ |
| Forderungen | 23.000,00 € | Rückstellungen | 29.000,00 € |
| PRAP | 15.000,00 € | ARAP | 7.000,00 € |
| Fuhrpark | 10.000,00 € | Rohstoffe | 13.000,00 € |
| Wertpapiere | 20.000,00 € | Rohstoffverbrauch | 11.000,00 € |
| | 346.000,00 € | | 230.000,00 € |

| Aufgabe 4 der Klausur 9: | 22 Punkte | |
|---|---|---|

a) Am 19.11.01 erfährt der Buchhalter der Brause-GmbH, dass der Kunde V. Brecher das Insolvenzverfahren beantragt hat. Die Forderung gegen V. Brecher beträgt 75.000 EUR (netto) zzgl. 19 % USt. Am 21.02.02 wird das Verfahren abgeschlossen. Der Insolvenzverwalter überweist 62.475 EUR (brutto).

1. Welche Buchungen muss der Buchhalter der Brause-GmbH bei direkter Abschreibung am 19.11.01 vornehmen? (1 Punkt)

2. Am 31.12.01 ist das Verfahren noch nicht abgeschlossen. Der Buchhalter der Brause-GmbH geht davon aus, dass die Quote sich auf 50 % belaufen wird. Welche Buchungen sind erforderlich? (1 Punkt)

3. Welche Buchungen sind bei Zahlungseingang am 21.02.02 erforderlich? (3 Punkte)

b) Unternehmer Willy Brause kauft im Jahr 01 eine Maschine zu einem Preis von 56.000 EUR (netto) zzgl. 19 % USt. Willy Brause bezahlt die Rechnung innerhalb einer Woche und zieht vereinbarungsgemäß 3 % Skonto ab. Nach kurzer Zeit stellt Brause einen kleinen Fehler an der Maschine fest und kann aufgrund einer Mängelrüge einen Preisnachlass von 3.332 EUR (brutto) heraushandeln. Ermitteln Sie die endgültigen Anschaffungskosten und bilden Sie die Buchungssätze! **(8 Punkte)**

c) Angestellter Alexander Brause erhält folgende Lohnabrechnung:

|  | | |
|---|---|---|
| Bruttogehalt | | 7.000 EUR |
| ./. | Lohnsteuer | 1.120 EUR |
| ./. | Solidaritätszuschlag | 62 EUR |
| ./. | Kirchensteuer | 100 EUR |
| ./. | Sozialversicherung (AN) | 1.260 EUR |
| = | Auszahlungsbetrag | 4.458 EUR |

Wie lauten die Buchungssätze bei Gehaltszahlung und Überweisung der einbehaltenen Beträge? **(5 Punkte)**

d) Der Unternehmer Willy Brause bildet zum 31.12.01 eine Pflichtrückstellung für Prozesskosten i. H. v. 12.000 EUR. Im Geschäftsjahr 02 kommt es zu einem Vergleich. Nur 7.000 EUR der Rückstellung werden in Anspruch genommen. Bilden Sie die Buchungssätze. Gehen Sie davon aus, dass keine Umsatzsteuer ausgewiesen wird (brutto = netto). **(2 ½ Punkte)**

e) Abwandlung zu d): Brause verliert den Prozess im Geschäftsjahr 02 und überweist 15.000 EUR für Prozesskosten. Wie wird im Jahr 02 gebucht? **(1 ½ Punkte)**

| Aufgabe 5 der Klausur 9: | 38 Punkte | |
|---|---|---|

Unternehmer Willy Brause hat zu Beginn des Jahres 01 folgende Bestände ermittelt:

| Maschinen | 50.000 EUR | Waren | 20.000 EUR |
|---|---|---|---|
| Rohstoffe | 30.000 EUR | Fertige Erzeugnisse | 20.000 EUR |
| Forderungen | 15.000 EUR | Bank | 60.000 EUR |
| Kasse | 5.000 EUR | Verbindlichkeiten | 90.000 EUR |
| Eigenkapital | 110.000 EUR | | |

Geschäftsvorfälle:

| | | |
|---|---|---:|
| a) | Zieleinkauf von Waren (netto) | 50.000 EUR |
| b) | Bezahlung der Waren aus a) durch Banküberweisung | 58.310 EUR |
| | unter Abzug von 2 % Skonto | 1.190 EUR |
| c) | Rohstoffeinsatz | 10.000 EUR |
| d) | Barverkauf von Waren, brutto | 89.250 EUR |
| e) | Brauses Kunde begleicht eine Forderung durch Überweisung | 10.000 EUR |
| f) | Abschreibung der Maschinen | 5.000 EUR |
| g) | Brause bezahlt die Januarmiete 02 im Dezember 01 | 4.000 EUR |

Inventurbestände:

| | | |
|---|---|---:|
| h) | Warenbestand | 30.000 EUR |
| i) | Rohstoffbestand | 20.000 EUR |
| j) | Fertige Erzeugnisse | 30.000 EUR |

Tragen Sie die Anfangsbestände in die nachfolgenden Konten ein! Bilden Sie die Buchungssätze der laufenden Geschäftsvorfälle. Bilden Sie die vorbereitenden Abschlussbuchungen! Die getrennten Warenkonten sind dabei nach dem Nettoverfahren abzuschließen. Verbuchen Sie die Geschäftsvorfälle auf den nachfolgend dargestellten Konten! Schließen Sie die Konten dann ab! Im Hinblick auf die Anfangs- und Schlussbestände müssen keine Buchungssätze angegeben werden.

| S | Maschinen | H | | S | Verbindlichkeiten | H |
|---|---|---|---|---|---|---|
| | | | | | | |

| S | Wareneinkauf | H | | S | Eigenkapital | H |
|---|---|---|---|---|---|---|
| | | | | | | |

| S | Rohstoffe | H | | S | Erhalt. Skonti | H |
|---|---|---|---|---|---|---|
| | | | | | | |

| S | Fertige Erzeugnisse | H | | S | Rohstoffaufwand | H |
|---|---|---|---|---|---|---|
| | | | | | | |

| S | Forderungen | H |
|---|---|---|

| S | Warenverkauf | H |
|---|---|---|

| S | Bank | H |
|---|---|---|

| S | Umsatzsteuer | H |
|---|---|---|

| S | Kasse | H |
|---|---|---|

| S | Abschreibungen | H |
|---|---|---|

| S | Vorsteuer | H |
|---|---|---|

| S | Bestandsveränderungen | H |
|---|---|---|

| S | ARAP | H |
|---|---|---|

| S | Mietaufwand | H |
|---|---|---|

| S | SBK | H |
|---|---|---|

| S | GuV-Konto | H |
|---|---|---|

# Aufgaben der Klausur 10

| Bearbeitungszeit: | 90 Minuten |
|---|---|
| Erreichte Gesamtpunktzahl: | ... Punkte von 90 Punkten |

| Aufgabe 1 der Klausur 10: | 10 Punkte | |
|---|---|---|

a) Welche drei Abschreibungsmethoden haben handelsrechtlich eine besondere Bedeutung? Durch welchen Abschreibungsverlauf zeichnen sich diese jeweils aus?

b) Nennen Sie jeweils zwei Beispiele für formelle und sachliche Buchführungsmängel!

| Aufgabe 2 der Klausur 10: | 10 Punkte | |
|---|---|---|

Stellen Sie den Zusammenhang der Konten einer Buchführung grafisch dar!

| Aufgabe 3 der Klausur 10: | 10 Punkte | |
|---|---|---|

Welche Geschäftsvorfälle bzw. Abschlussbuchungen liegen folgenden Buchungssätzen zugrunde?

a)  Verb.                an      Rohstoffe
                                 VSt

b)  Bank
    Verl. aus Anl.-Abg.  an      Maschinen
                                 USt

c)  Bank
    USt
    Gewährte Skonti      an      Ford.

d)  Rückstellung
    per.-fr. Aufwendungen an      Bank

e)  Mietaufwand          an      Bank
    ARAP                 an      Mietaufwand

| Aufgabe 4 der Klausur 10: | 30 Punkte | |
|---|---|---|

Der Steuerberater V. Gesslich hat für den Unternehmer Willy Brause zum 31.12.01 folgendes Schlussbilanzkonto und folgendes GuV-Konto (jeweils in EUR) aufgestellt:

| S | SBK | | H |
|---|---|---|---|
| Gebäude | 990.000 | Eigenkapital | 966.150 |
| Maschinen | 340.200 | Rückstellungen | 22.500 |
| Beteiligungen | 112.500 | Darlehen | 900.000 |
| Waren | 58.500 | Verb.a.LuL | 72.000 |
| Forderungen | 193.950 | USt | 67.500 |
| Bankguthaben | 324.000 | | |
| Kasse | 9.000 | | |
| | 2.028.150 | | 2.028.150 |

| S | GuV-K | | H |
|---|---|---|---|
| Abschreibungsaufwand | 63.900 | Umsatzerlöse | 459.000 |
| Mietaufwand | 30.150 | Mieterträge | 9.000 |
| Zinsaufwand | 14.400 | Zinserträge | 18.450 |
| Lohnaufwand | 72.000 | | |
| Reparaturaufwand | 54.000 | | |
| Telefonaufwand | 31.500 | | |
| Sonstige Aufwendungen | 35.100 | | |
| Gewinn | 185.400 | | |
| | 486.450 | | 486.450 |

Bei der Durchsicht der Unterlagen muss Willy Brause feststellen, dass sein Steuerberater V. Gesslich die Geschäftsunterlagen der Vorjahre verschludert und weiterhin im laufenden Geschäftsjahr folgende Vorfälle nicht berücksichtigt hat:

a) Brause hat im Jahr zuvor eine Rückstellung i. H. v. 22.500 EUR für Prozesskosten gebildet und unverändert in das SBK für das Jahr 01 übernommen. Im laufenden Jahr stellt sich heraus, dass die Prozesskosten nur 20.000 EUR betragen.

b) Für das Darlehen i. H. v. 900.000 EUR wurde die Zinszahlung i. H. v. 5 % für das gesamte Jahr noch nicht gebucht.

c) Ein Kunde hat noch am 31.12.01 eine Rechnung i. H. v. 10.000 EUR durch Banküberweisung beglichen.

d) Am 03.01.01 hatte Willy Brause eine Maschine (ND: 5 Jahre) für (netto) 135.000 EUR gegen Bankzahlung erworben.

e) Das bilanzierte Gebäude wurde vor zehn Jahren im Januar angeschafft und seitdem jedes Jahr (also seit zehn Jahren) mit 4 % linear abgeschrieben. Aufgrund der fehlenden Unterlagen der Vorjahre ist Willy Brause der Kaufpreis nicht mehr bekannt. Eine Abschreibung für 01 wurde deshalb nicht gebucht.

Bilden Sie die Buchungssätze und verbuchen Sie die Geschäftsvorfälle! Erstellen Sie anschließend das neue Schlussbilanzkonto und das neue GuV-Konto!

| Aufgabe 5 der Klausur 10: | 30 Punkte | |
|---|---|---|

Der Unternehmer Willy Brause hat zum 31.12. des Jahres 01 die in der nachfolgenden Tabelle (Hauptabschlussübersicht) dargestellte Summenbilanz erstellt. Folgende Abschlussangaben hat er noch zu berücksichtigen:

Abschreibung auf Gebäude (AK: 1.460.000 EUR, ND: 25 Jahre)

Maximal mögliche degressive Abschreibung auf Maschinen (ND: 3 Jahre)

Abschreibung auf Betriebs- und Geschäftsausstattung (Abschreibungssatz 10 %)

| | |
|---|---|
| Abschreibung auf Forderungen | 17.000 EUR |
| Aktive Rechnungsabgrenzung von Versicherungsaufwendungen | 2.550 EUR |
| Passive Rechnungsabgrenzung von Mieterträgen | 2.040 EUR |
| Sonstige Forderungen für noch gutzuschreibende Zinserträge | 510 EUR |
| Sonstige Verbindlichkeiten für rückständige Zinsaufwendungen | 680 EUR |
| Bildung der Rückstellung für Gewerbesteuer | 8.500 EUR |
| Inventurbestand Rohstoffe | 251.600 EUR |
| Inventurbestand Fertige Erzeugnisse | 33.150 EUR |

Geben Sie die Buchungssätze der abschlussvorbereitenden Buchungen innerhalb einer zu benennenden Spalte „Umbuchungen" an! Vervollständigen Sie die Hauptabschlussübersicht!

| | Summenbilanz | | Saldenbilanz I | | Umbuchungen | | Saldenbilanz II | | Abschlussbilanz | | Erfolgsbilanz | |
|---|---|---|---|---|---|---|---|---|---|---|---|---|
| | Soll | Haben | Soll | Haben | Soll | Haben | Soll | Haben | Aktiva | Passiva | Aufwand | Ertrag |
| Gebäude | 1.460.000 | | | | | | | | | | | |
| Maschinen | 1.190.000 | | | | | | | | | | | |
| BGA | 410.000 | | | | | | | | | | | |
| Kasse | 162.520 | 139.9.0 | | | | | | | | | | |
| Bank | 2.380.000 | 2.144.000 | | | | | | | | | | |
| Rohstoffe | 680.000 | 425.000 | | | | | | | | | | |
| Fertige Erzeugnisse | 136.000 | 102.000 | | | | | | | | | | |
| Forderungen aLuL | 2.010.000 | 1.665.000 | | | | | | | | | | |
| Zweifelhafte Ford. | 51.000 | | | | | | | | | | | |
| Sonst. Forderungen | 42.000 | 23.400 | | | | | | | | | | |
| Vorsteuer | 90.740 | | | | | | | | | | | |
| ARAP | | | | | | | | | | | | |
| Eigenkapital | | 2.434.0.0 | | | | | | | | | | |
| Privat | 34.000 | | | | | | | | | | | |
| Rückstellungen | 13.600 | 95.000 | | | | | | | | | | |
| Bankdarlehen | 85.000 | 325.000 | | | | | | | | | | |
| Verbindlichkeiten aLuL | 1.377.000 | 1.632.000 | | | | | | | | | | |
| Umsatzsteuer | | 183.080 | | | | | | | | | | |
| Sonst. Verbindlichk. | | 17.000 | | | | | | | | | | |
| PRAP | | | | | | | | | | | | |
| Umsatzerlöse | | 4.280.000 | | | | | | | | | | |
| Zinserträge | | 54.000 | | | | | | | | | | |
| Mieterträge | | 55.600 | | | | | | | | | | |
| Löhne und Gehälter | 2.881.500 | | | | | | | | | | | |
| Arbeitgeberanteile | 338.300 | | | | | | | | | | | |
| Abschr. auf Anlagen | | | | | | | | | | | | |
| Abschr. auf Ford. | | | | | | | | | | | | |
| Zinsaufwendungen | 17.000 | | | | | | | | | | | |
| Versicherungsaufwendung. | 40.800 | | | | | | | | | | | |
| Gewerbesteueraufwend. | | | | | | | | | | | | |
| Aufwendungen für RHB | | | | | | | | | | | | |
| Bestandsveränderungen | 170.540 | | | | | | | | | | | |
| | 13.570.000 | 13.570.000 | | | | | | | | | | |

# Aufgaben der Klausur 11

| Bearbeitungszeit: | 60 Minuten |
|---|---|
| Erreichte Gesamtpunktzahl: | … Punkte von 60 Punkten |

| Aufgabe 1 der Klausur 11: | 10 Punkte | |
|---|---|---|

Sind die nachfolgenden Aussagen richtig oder falsch? *Bitte beachten Sie:* Falsches Ankreuzen führt zu einem Punkt Abzug. Die Gesamtpunktzahl kann jedoch nicht negativ werden.

| | | richtig | falsch |
|---|---|---|---|
| 1. | Bestehen zwischen den effektiven Beständen und den buchmäßigen Beständen Differenzen, haben die buchmäßigen Bestände Vorrang. | | |
| 2. | Die Bilanz stellt die mengen- und wertmäßige „Unternehmensstruktur" dar. | | |
| 3. | Die Aktivseite einer Bilanz gibt Auskunft über die Mittelherkunft eines Unternehmens. | | |
| 4. | Ein Geschäftsvorfall betrifft immer genau zwei Konten. | | |
| 5. | Der Kontenplan stellt eine Präzisierung des Kontenrahmens im Unternehmen dar. | | |
| 6. | Wird eine Forderung aus Lieferungen und Leistungen vom Schuldner unter Ausnutzung eines Skontos beglichen, muss die Umsatzsteuer korrigiert werden. | | |
| 7. | Bestandsveränderungen von fertigen und unfertigen Erzeugnissen sind bei der Ermittlung des Periodengewinns zu vernachlässigen. | | |
| 8. | Werden Waren per Barzahlung gekauft, handelt es sich sowohl um eine Auszahlung als auch um eine Ausgabe. | | |
| 9. | Das Eigenkapitalkonto wird über das Gewinn- und Verlustkonto abgeschlossen. | | |
| 10. | Wird eine Mietzahlung für einen Zeitraum nach dem Bilanzstichtag bereits vor dem Bilanzstichtag geleistet, muss der Mieter einen passiven Rechnungsabgrenzungsposten bilden. | | |

Wenn bezüglich einer Aussage aus Ihrer Sicht weitere Annahmen zu treffen sind, sollten Sie diese auf dem Lösungsblatt darlegen.

| **Aufgabe 2 der Klausur 11:** | 20 Punkte | |

Bilden Sie zu folgenden Geschäftsvorfällen die erforderlichen Buchungssätze für die Jahre 01 und gegebenenfalls für 02 sowie – mit Ausnahme des Umsatzsteuerkontos – die **relevanten** Abschlussbuchungen für das Jahr 01! Eröffnungsbuchungen sind nicht erforderlich.

a) Ein Unternehmen hat am Ende des Jahres 01 einen Gesamtforderungsbestand von 595.000 EUR (inklusive 19 % USt). (**10 Punkte**)

*Nachrichtlich:* Am Anfang des Jahres 01 gab es keine zweifelhaften Forderungen. Es wird keine Pauschalwertberichtigung vorgenommen.

1) Zwei Forderungen wurden als zweifelhaft eingestuft: Forderung „A" (Bruttowert 47.600 EUR) und Forderung „B" (Bruttowert 71.400 EUR).

2) Die Forderung „B" fällt endgültig in voller Höhe aus.

3) Ein Viertel der Forderung „A" wird wahrscheinlich ausfallen.

4) Im Jahr 02 kann das Unternehmen einen Zahlungseingang auf dem Bankkonto bezüglich Forderung „A" i. H. v. 41.650 EUR (inklusive 19 % USt) feststellen.

b) Dasselbe Unternehmen erhält im Februar 02 die vertragsgemäße Zahlung für vermietete Lagerräume für die Zeit von Dezember 01 bis Februar 02 i. H. v. 9.000 EUR (ohne USt). (**5 Punkte**)

*Nachrichtlich:* Im Jahr 01 sind **keine** weiteren Objekte vermietet. Es müssen auch **keine** weiteren Abgrenzungen vorgenommen werden.

c) (*Nachrichtlich:* Bitte ohne Berücksichtigung von Umsatzsteuer buchen.)

Im Dezember 01 wird eine Maschine auf der Produktionsanlage des Unternehmens so stark beschädigt, dass sie im Januar 02 für etwa 5.000 EUR repariert werden soll. Im Januar 02 wird die Maschine schließlich für 4.500 EUR repariert. (**5 Punkte**)

*Nachrichtlich:* Im Jahr 01 gibt es **keine** weiteren Schäden, die einer Reparatur bedürfen, und es sind **keine** weiteren ungewissen, drohenden Belastungen absehbar.

| **Aufgabe 3 der Klausur 11:** | **10 Punkte** | |

Im Büro des Getränkehändlers Willy Brause herrscht eine große Unordnung. Alles was er noch finden konnte, ist ein Notizzettel mit Buchungssätzen. Da er sich nicht mehr an die entsprechenden Geschäftsvorfälle erinnern kann, bittet er Sie, ihm zu helfen. Welche Geschäftsvorfälle liegen den folgenden Buchungen zugrunde? **(jeweils 2 Punkte)**

| | | | | | |
|---|---|---|---|---|---|
| 1a) | Wareneinkauf | 10.000 | | | |
| | VSt | 1.900 | an | Lieferverbindlichkeiten | 5.950 |
| | | | | Kasse | 5.950 |
| | | | | | |
| 1b) | Lieferverbindlichkeiten | 5.950 | an | Bank | 5.831 |
| | | | | Erhaltene Skonti | 100 |
| | | | | VSt | 19 |
| | | | | | |
| 2a) | Bank | 3.570 | an | Erhaltene Anzahlungen | 3.000 |
| | | | | USt | 570 |
| | | | | | |
| 2b) | Bank | 8.330 | | | |
| | Erhaltene Anzahlungen | 3.000 | an | Warenverkauf | 10.000 |
| | | | | USt | 1.330 |
| | | | | | |
| 2c) | Warenverkauf | 1.000 | | | |
| | USt | 190 | an | Kasse | 1.190 |

| **Aufgabe 4 der Klausur 11:** | **8 Punkte** | |

Erläutern Sie die Aufgaben des Eröffnungsbilanzkontos! Wie werden diese buchungstechnisch erfüllt? Worin liegen die Unterschiede zur Eröffnungsbilanz?

| **Aufgabe 5 der Klausur 11:** | **12 Punkte** | |

Da Willy Brause – auch nach Ihrer Hilfe – weiterhin Probleme mit der Buchführung hat, beauftragt er Sie noch einmal. Bilden Sie zu folgenden Geschäftsvorfällen die jeweils erforderlichen Buchungssätze!

a)   Willy Brause verkauft seine alte Pfandflaschensortiermaschine für 3.000 EUR (zzgl. 19 % USt) in bar. Diese hat zum Zeitpunkt des Verkaufs einen Restbuchwert von 2.000 EUR. **(2 Punkte)**

b) Willy Brause erwirbt eine neue Pfandflaschensortiermaschine für 9.600 EUR (zzgl. 19 % USt). Für Transport- und Montageleistung des Lieferanten fallen zusätzlich 400 EUR (zzgl. 19 % USt) an. Den Rechnungsbetrag begleicht er per Überweisung. (**2 Punkte**)

c) Willy Brause erhält eine (geschäftliche) Zinsgutschrift i. H. v. 500 EUR, welche sofort seinem Geschäftskonto gutgeschrieben wird. (**1 Punkt**)

d) Willy Brause bezahlt die Kfz-Versicherung i. H. v. 300 EUR für sein Privat-Kfz per Überweisung vom Geschäftskonto. (**1 Punkt**)

e) Aufgrund guter Geschäfte mit seinem Freund und Kunden Sprudel gewährt Brause diesem einen Bonus i. H. v. 238 EUR (inklusive 19 % USt), welche er mit offenen Forderungen gegen Sprudel verrechnet. (**2 Punkte**)

f) Brause überweist seinem Angestellten Fleißig ein Netto-Weihnachtsgeld i. H. v. 1.000 EUR. Der Arbeitgeber- und Arbeitnehmer-Sozialaufwand betragen jeweils 200 EUR. Lohnsteuer und Solidaritätsbeitrag betragen 300 EUR. Kirchensteuer fällt nicht an. Die Lohnnebenkosten werden erst später beglichen. Diese Begleichung ist deshalb hier nicht zu buchen. (**3 Punkte**)

g) Brause setzt den Abschreibungsbetrag (direkte Abschreibungsmethode) für die neue Pfandflaschensortiermaschine auf 2.000 EUR fest. Buchen Sie für das aktuelle Jahr. (**1 Punkt**)

# Lösungsvorschläge
## zu den Übungsklausuren

# Lösungsvorschläge zur Klausur 1

| Bearbeitungszeit: | 90 Minuten |
|---|---|
| Erreichte Gesamtpunktzahl: | … Punkte von 90 Punkten |

| Lösungsvorschlag zur Aufgabe 1 der Klausur 1: | 10 Punkte |
|---|---|

Folgende fünf Grundsätze der Belegbehandlung können unterschieden werden:

1. Belegzwang: Es gilt der Grundsatz „keine Buchung ohne Beleg" und zwar auch für Um-, Storno- und Abschlussbuchungen.

2. Einheitliche Belegwahl: Wenn mehrere Belege für denselben Vorgang anfallen (z. B. Bankauszug und Rechnung) ist eindeutig festzulegen, was als Beleg gilt.

3. Urkundliche Behandlung: In Belegen darf nichts wegradiert oder unleserlich gemacht werden. Belege sind abzuzeichnen und Änderungen zu beglaubigen.

4. Kontierung: Im Beleg müssen die Konten angegeben werden, in die gebucht wird, um so ein einheitliches Buchen sicherzustellen.

5. Belegregistratur: Die Belege sind nach Belegarten zu ordnen und fortlaufend innerhalb jeder Belegart zu nummerieren. Die Belege müssen zehn Jahre aufbewahrt werden.

**Lösungsvorschlag zur Aufgabe 2 der Klausur 1:** | **10 Punkte**

| | | Aktiv-tausch | Passiv-tausch | Aktiv-Passiv-Mehrung | Aktiv-Passiv-Minde-rung |
|---|---|---|---|---|---|
| 1. | Bestandsminderung bei fertigen Erzeugnissen | | | | X |
| 2. | Skontoabzug auf Ausgangsrechnung | | | | X |
| 3. | Buchgewinn beim Verkauf eines voll abgeschriebenen Computers | | | X | |
| 4. | Auslieferung von voll vorausbezahlten fertigen Erzeugnissen | | X | X[1] | |
| 5. | Barzahlung der Transportversicherung einer Rohstofflieferung | X | | | |
| 6. | Begleichung einer offenen Lieferanten-rechnung durch Banküberweisung | | | | X |
| 7. | Überweisung des Arbeitnehmeranteils zur Sozialversicherung | | | | X |
| 8. | Unsere Banküberweisung für Miete | | | | X |
| 9. | Zielverkauf von Waren | | X | | |
| 10. | Kauf einer Maschine auf Ziel | | | X | |

**Lösungsvorschlag zur Aufgabe 3 der Klausur 1:** | **10 Punkte**

• Das EBK wird gewöhnlich zum 01.01. erstellt.

• Soll und Haben wurden vertauscht.

• Verbindlichkeiten stehen nur auf einer Seite: der Sollseite.

• Auf der falschen Seite stehen Forderungen, ARAP, Fuhrpark, Rückstellungen und PRAP.[2]

• Der Warenverkauf gehört in das GuV-Konto.

• Soll- und Habensumme stimmen betragsmäßig nicht überein.

• Der Ausweis der ARAP erfolgte in Dollar, nicht in EUR.

---

[1] Wenn die erhaltene Anzahlung auf der Aktivseite offen von den Vorräten abgesetzt wurde.

[2] Es ist darauf zu achten, dass das EBK spiegelverkehrt zur Eröffnungsbilanz ist.

| Lösungsvorschlag zur Aufgabe 4 der Klausur 1: | 20 Punkte |
|---|---|

a)  01: Mietaufwand      300  
       ARAP            300  
       VSt             114    an   Bank          714

*oder auch:*  
     01: Mietaufwand      600  
       VSt             114    an   Bank          714  
       ARAP            300    an   Mietaufwand    300

     02: Mietaufwand      300    an   ARAP          300

b)  02: Sonstige Ford.      800    an   Zinsertrag      800

     03: Bank            1.200    an   Sonstige Ford.    800  
                                        Zinsertrag      400

c)  Wareneinkauf/Waren    18.000  
     VSt                3.420    an   Verb. aLuL    21.420

d)  Kasse                1.785    an   BGA           1.000  
                                      USt            285  
                                      S. b. Ertr. (Ertr. aus dem  
                                      Abgang von AV)      500

e)  *beim Warenverkauf:*  
     Forderungen      38.080,00    an   Warenverkauf    32.000,00  
                                        USt              6.080,00

     *bei Überweisung:*  
     Bank              37.318,40  
     Gewährte Skonti      640,00  
     USt                121,60    an   Forderungen    38.080,00

f)  GewSt-Aufw.        2.000    an   Rückstellungen    2.000

g)  01: Zinsaufwand        90    an   Sonstige Verb.      90

     02: Sonstige Verb.        90  
         Zinsaufwand        180    an   Bank          270

h)  Privat/Privatnahme      500    an   Bank          500

i)  02: Bank            1.000    an  PRAP            1.000

*oder auch:*

02: Bank            1.000    an  Mietertrag      1.000
Mietertrag          1.000    an  PRAP            1.000

03: PRAP            1.000    an  Mietertrag      1.000

j)  Maschine            5.000
VSt                  950    an  Verb.           5.950

*oder auch:*

Maschine            4.800
Bezugskosten          200
VSt                  950    an  Verb.           5.950

| **Lösungsvorschlag zur Aufgabe 5 der Klausur 1:** | **10 Punkte** |
|---|---|

| | | richtig | falsch |
|---|---|:---:|:---:|
| 1. | Bestandskonten erfassen lediglich Stromgrößen. | | X |
| 2. | Erfolgskonten kennen keinen Anfangsbestand. | X | |
| 3. | Bestandskonten werden über das GuV-Konto abgeschlossen. | | X |
| 4. | Erfolgskonten sind Unterkonten des Eigenkapitalkontos. | X | |
| 5. | Aufwandskonten weisen im Allgemeinen einen Saldo auf der Habenseite auf. | X | |
| 6. | Buchungen auf Erfolgskonten verändern das Eigenkapital mittelbar. | X | |
| 7. | Erfolgskonten können in der Schlussbilanz erscheinen. | | X |
| 8. | Für Erfolgskonten gilt die Kontengleichung: Anfangsbestand + Zugang = Minderungen + Endbestand. | | X |
| 9. | Werden Aufwendungen und Erträge auf einem Erfolgskonto gebucht, ist das Gegenkonto grundsätzlich ein Bestandskonto. | X | |
| 10. | Ertragskonten werden im Laufe des Geschäftsjahres niemals im Soll gebucht. | | X |

| **Lösungsvorschlag zur Aufgabe 6 der Klausur 1:** | **20 Punkte** |
|---|---|

a)  *Die sachgerechte Buchung wäre gewesen:*
Mietaufwand         300
VSt                  57    an  Privat (Einlage)    357

*Erforderliche Korrekturbuchung:*

| | | | | |
|---|---|---|---|---|
| VSt | 57 | | | |
| Kasse | 357 | an | Privat (Einlage) | 357 |
| | | | Mietaufwand | 57 |

*Änderungen der GuV-Positionen:*

| | | | |
|---|---|---|---|
| Mietaufwand | − 57 | Erfolgsauswirkung: | + 57 |

*Probe (Δ Bestände):*

| | |
|---|---|
| Kasse | + 357 |
| VSt | + 57 |
| Privat (Einlage) | − 357 |
| | + 57 |

b) *Die sachgerechte Buchung wäre gewesen:*

| | | | | |
|---|---|---|---|---|
| Bank | 1.785 | an | S. b. Ertrag | 1.500 |
| | | | USt | 285 |

*Erforderliche Korrekturbuchung:*

| | | | | |
|---|---|---|---|---|
| Maschine | 1.500 | an | S. b. Ertrag | 1.500 |

*Änderungen der GuV-Positionen:*

| | | | |
|---|---|---|---|
| S. b. Ertrag | + 1.500 | Erfolgsauswirkung: | + 1.500 |

*Probe (Δ Bestände):*

| | |
|---|---|
| Maschine | + 1.500 |
| | + 1.500 |

c) *Die sachgerechte Buchung wäre gewesen:*

| | | | | |
|---|---|---|---|---|
| Mietaufwand | 2.000 | | | |
| VSt | 380 | an | Bank | 2.380 |

*Erforderliche Korrekturbuchung:*

| | | | | |
|---|---|---|---|---|
| Mietaufwand | 4.380 | | | |
| VSt | 380 | an | Bank | 2.380 |
| | | | Gebäude | 2.380 |

*Änderungen der GuV-Positionen:*

| | | | |
|---|---|---|---|
| Mietaufwand | + 4.380 | Erfolgsauswirkung: | − 4.380 |

*Probe (Δ Bestände):*

| | |
|---|---|
| Gebäude | − 2.380 |
| VSt | + 380 |
| Bank | − 2.380 |
| | − 4.380 |

d)  *Die sachgerechten Buchungen wären gewesen:*

| Maschine | 10.000 | | |
|---|---|---|---|
| VSt | 1.900 | an Bank | 11.900 |
| Abschreibung | 3.333 | an Maschine | 3.333 |

*Erforderliche Korrekturbuchung:*

| Abschreibung | 3.333 | an Montageaufwand | 400 |
|---|---|---|---|
| | | Maschine | 2.933 |

*Änderungen der GuV-Positionen:*

| Abschreibung | + 3.333 | Erfolgsauswirkung: | – 2.933 |
|---|---|---|---|
| Montageaufwand | – 400 | | |

*Probe (Δ Bestände):*

Maschine                                  – 2.933
                                          – 2.933

| **Lösungsvorschlag zur Aufgabe 7 der Klausur 1:** | | **10 Punkte** |
|---|---|---|

| Stufe bzw. Phase | Rechnung | | USt (Traglast) | VSt-Abzug | USt-Schuld (Zahllast) | Wert-schöpfung |
|---|---|---|---|---|---|---|
| | | EUR | EUR | EUR | EUR | EUR |
| **A** Urer-zeuger | Nettopreis + USt = Verkaufspreis | 100,00 19,00 119,00 | 19,00 | – | 19,00 | 100,00 |
| **B** Weiter-verarbeiter | Nettopreis + USt = Verkaufspreis | 250,00 47,50 297,50 | 47,50 | 19,00 | 28,50 | 150,00 |
| **C** Groß-händler | Nettopreis + USt = Verkaufspreis | 320,00 60,80 380,80 | 60,80 | 47,50 | 13,30 | 70,00 |
| **D** Einzel-händler | Nettopreis + USt = Verkaufspreis | 400,00 76,00 476,00 | 76,00 | 60,80 | 15,20 | 80,00 |

# Lösungsvorschläge zur Klausur 2

| Bearbeitungszeit: | 60 Minuten |
|---|---|
| Erreichte Gesamtpunktzahl: | … Punkte von 60 Punkten |

| Lösungsvorschlag zur Aufgabe 1 der Klausur 2: | 10 Punkte |
|---|---|

*Die Nennung der Paragraphen erfolgt nur nachrichtlich.*

- **Stichtagsinventur** (§ 240 Abs. 1 u. 2 HGB, R 5.3 Abs. 1 EStR 2012)

  Die Stichtagsinventur muss nicht unbedingt am Bilanzstichtag selbst, sondern kann im Sinne einer sogenannten **ausgeweiteten Stichtagsinventur** zeitnah innerhalb einer Frist von zehn Tagen vor oder nach dem Bilanzstichtag durchgeführt werden. Dabei ist sicherzustellen, dass eine Vor- oder Rückrechnung auf den genauen Bestand am Abschlussstichtag möglich ist.

- **Permanente Inventur** (§ 241 Abs. 2 HGB)

  Die permanente Inventur erlaubt eine Abweichung des Inventurzeitpunktes vom Bilanzstichtag. Sie darf dem Inventar zugrunde gelegt werden, wenn eine besondere Lagerbuchführung (Lagerkartei) besteht. Jede Lagerposition muss einmal im Jahr überprüft werden. Die Methode darf nicht auf Bestände angewandt werden, die unkontrollierbarem Schwund unterliegen oder die besonders wertvoll sind.

- **Zeitverschobene Inventur** (§ 241 Abs. 3 HGB)

  Die zeitverschobene Inventur findet bis zu drei Monate vor oder zwei Monate nach dem Bilanzstichtag statt. Es erfolgt eine mengen- und wertmäßige Berechnung auf den Inventurstichtag. Die Umrechnung auf den Bilanzstichtag erfolgt nur wertmäßig unter Berücksichtigung des zwischenzeitlichen Wareneinkaufs und Wareneinsatzes.

| Lösungsvorschlag zur Aufgabe 2 der Klausur 2: | 50 Punkte |
|---|---|

a)

| Aktiva | Eröffnungsbilanz zum 1. Mai 07 | | Passiva |
|---|---|---|---|
| Fuhrpark | 7.000,00 € | Eigenkapital Peters | 3.000,00 € |
| Sonstige Forderungen | 2.000,00 € | Eigenkapital Flik | 9.000,00 € |
| Bank | 10.000,00 € | Darlehen | 10.000,00 € |
| Kasse | 3.000,00 € | | |
| | **22.000,00 €** | | **22.000,00 €** |

|     |                              |           | an  |                        |           |
|-----|------------------------------|-----------|-----|------------------------|-----------|
|     | Fuhrpark                     |           | an  | EBK                    | 7.000,00  |
|     | Sonst. Forderungen           |           | an  | EBK                    | 2.000,00  |
|     | Bank                         |           | an  | EBK                    | 10.000,00 |
|     | Kasse                        |           | an  | EBK                    | 3.000,00  |
|     | EBK                          |           | an  | EK Peters              | 3.000,00  |
|     | EBK                          |           | an  | EK Flik                | 9.000,00  |
|     | EBK                          |           | an  | Darlehen               | 10.000,00 |
| b)  | Waren/-einkauf               | 2.000,00  |     |                        |           |
|     | VSt                          | 380,00    | an  | Verb. aLuL             | 2.380,00  |
| c)  | Bank                         | 30.000,00 | an  | Bankdarlehen           | 30.000,00 |
| d)  | Kasse                        | 2.000,00  | an  | Sonstige Forderungen   | 2.000,00  |
| e)  | Ford. aLuL                   | 5.950,00  | an  | Warenverkauf/UE        | 5.000,00  |
|     |                              |           |     | USt                    | 950,00    |
| f)  | Bank                         | 5.771,50  |     |                        |           |
|     | USt                          | 28,50     |     |                        |           |
|     | Erlösberichtigung/           |           |     |                        |           |
|     | gewährte Skonti              | 150,00    | an  | Ford. aLuL             | 5.950,00  |
| g)  | Verb. aLuL                   | 238,00    | an  | Waren/-einkauf         | 200,00    |
|     |                              |           |     | VSt                    | 38,00     |
| h)  | Fuhrpark                     | 20.000,00 |     |                        |           |
|     | Verluste aus                 |           |     |                        |           |
|     | Anl.-Abg.                    | 2.000,00  | an  | Darlehen               | 15.000,00 |
|     |                              |           |     | Fuhrpark               | 7.000,00  |
| i)  | Mietaufwand                  | 1.000,00  |     |                        |           |
|     | ARAP                         | 11.000,00 | an  | Kasse                  | 12.000,00 |
| j)  | S. b. Aufw.                  | 5.000,00  | an  | Rückstellungen         | 5.000,00  |
| k)  | Zinsaufwand                  | 500,00    | an  | Sonstige Verb.         | 500,00    |
| l)  | Ford. aLuL                   | 856,80    | an  | Warenverkauf/UE        | 720,00    |
|     |                              |           |     | USt                    | 136,80    |

m)     1. bis 3. Forderung:
       Zweifelhafte Ford.   7.140,00      an   Ford. aLuL              7.140,00

       1. Forderung:
       Abschr. auf Ford.    2.000,00
       USt                    380,00      an   Zweifelhafte Ford.      2.380,00

       2. und 3. Forderung (2.000 EUR · 0,4 + 2.000 EUR · 0,7 = 2.200 EUR ):
       Abschr. auf Ford.    2.200,00      an   Zweifelhafte Ford.      2.200,00

       Restliche Forderungen
       [(100.000 EUR netto – 6.000 EUR netto)· 0,035 = 3.290 EUR]:
       Abschr. auf Ford.    3.290,00      an   PWB                     3.290,00

n)     Löhne und
       Gehälter             2.000,00      an   Bank                    1.279,70
                                               FB-Verb.                  299,30
                                               SV-Verb.                  421,00

       Arbeitgeber-SV-Aufwand             an   SV-Verb.                  421,00

       FB-Verb.               299,30
       SV-Verb.               842,00      an   Bank                    1.141,30

o)     Privatentn. (Flik)     595,00      an   Entnahme v.G.u.s.L.        500,00
                                               USt                        95,00

p)     USt                120.000,00      an   VSt                   120.000,00

       USt                 20.000,00      an   FB-Verb.               20.000,00

q)     Warenaufwand           200,00      an   Waren/Wareneinkauf        200,00

# Lösungsvorschläge zur Klausur 3

| Bearbeitungszeit: | 60 Minuten |
|---|---|
| Erreichte Gesamtpunktzahl: | … Punkte von 60 Punkten |

| Lösungsvorschlag zur Aufgabe 1 der Klausur 3: | 9 Punkte |
|---|---|

Bilanzveränderungen sind immer dann erfolgsneutral, wenn keine Erfolgskonten berührt werden. Folgende Arten können unterschieden werden:

- Aktivtausch:  z. B. Barkauf einer Maschine
- Passivtausch:  z. B. Umwandlung einer kurzfristigen Verbindlichkeit in ein langfristiges Darlehen
- Aktiv-Passiv-Mehrung:  z. B. Kauf einer Maschine auf Ziel
- Aktiv-Passiv-Minderung:  z. B. Tilgen einer Verbindlichkeit durch Überweisung

| Lösungsvorschlag zur Aufgabe 2 der Klausur 3: | 11 Punkte |
|---|---|

| | | richtig | falsch |
|---|---|---|---|
| 1. | Durch jeden Buchungssatz werden genau zwei Konten angesprochen. | | X |
| 2. | In jedem Buchungssatz ist die Summe der im Soll gebuchten Beträge gleich denen, die im Haben gebucht werden. | X | |
| 3. | Die Einführung des Eröffnungs- und des Schlussbilanzkontos ermöglicht, dass die doppelte Buchhaltung formal auch bei der Übernahme der Anfangs- und Endbestände eingehalten wird. | X | |
| 4. | Für Bestandskonten gilt die Kontengleichung: Anfangsbestand + Zugang = Minderungen + Endbestand. | X | |
| 5. | Buchungen auf Erfolgskonten verändern das Eigenkapital erfolgsneutral. | | X |
| 6. | Erfolgskonten erfassen lediglich Stromgrößen. | X | |
| 7. | Erfolgskonten werden über das GuV-Konto abgeschlossen. | X | |
| 8. | Bestandskonten werden über das Schlussbilanzkonto abgeschlossen. | X | |
| 9. | Erfolgskonten werden über das Schlussbilanzkonto abgeschlossen. | | X |
| 10. | Das Privatkonto ist ein Unterkonto des Eigenkapitalkontos. | X | |
| 11. | Privateinlagen werden im Soll gebucht. | | X |

| **Lösungsvorschlag zur Aufgabe 3 der Klausur 3:** | **4 Punkte** |
|---|---|

Trotz des Werbespruchs handelt es sich um eine umsatzsteuerpflichtige Lieferung. Der bisherige Bruttopreis (178,50 EUR; entspricht 119 % der „alten" Bemessungsgrundlage) setzt sich aus dem Nettopreis (150 EUR; „alte" Bemessungsgrundlage) und der bisherigen Umsatzsteuer (28,50 EUR; entspricht 19 % der „alten" Bemessungsgrundlage) zusammen. Wenn diese nun gemäß Werbespruch fiktiv erlassen wird, ergibt sich ein neuer Bruttopreis i. H. v. 150 EUR (entspricht 119 % der „neuen" Bemessungsgrundlage), welcher sich wiederum aus einem Nettopreis (126,05 EUR; „neue" Bemessungsgrundlage) und der darauf berechneten Umsatzsteuer (23,95 EUR; entspricht 19 % der „neuen" Bemessungsgrundlage) zusammensetzt. Es ist wie folgt zu buchen:

| Kasse | 150,00 | an | Umsatzerlöse | 126,05 |
|---|---|---|---|---|
|  |  |  | USt | 23,95 |

*Nachrichtlich:* Der bekannte Elektronikfachmarkt stellt(e) sich – entgegen seiner Werbeanzeige – noch schlechter (und die Kunden entsprechend noch besser). Statt die „alte" Umsatzsteuer zu kürzen, wurde der Bruttopreis (im Beispiel 178,50 EUR) um 19 % (im Beispiel 33,92 EUR) reduziert. Dies ergibt im Beispiel einen neuen Bruttopreis i. H. v. 144,58 EUR. Gebucht werden müsste dann wie folgt:

| Kasse | 144,58 | an | Umsatzerlöse | 121,50 |
|---|---|---|---|---|
|  |  |  | USt | 23,08 |

| **Lösungsvorschlag zur Aufgabe 4 der Klausur 3:** | **6 Punkte** |
|---|---|

| a) | 01: Bank | 45.000 | an | Mietertrag | 15.000 |
|---|---|---|---|---|---|
|  |  |  |  | PRAP | 30.000 |

*oder auch:*

|  | 01: Bank | 45.000 | an | Mietertrag | 45.000 |
|---|---|---|---|---|---|
|  | Mietertrag | 30.000 | an | PRAP | 30.000 |
|  | 02: PRAP | 30.000 | an | Mietertrag | 30.000 |

| b) | 01: Sonst. Forderungen | 2.000 | an | Zinsertrag | 2.000 |
|---|---|---|---|---|---|
|  | 02: Bank | 3.000 | an | Zinsertrag | 1.000 |
|  |  |  |  | Sonst. Forderungen | 2.000 |

**Lösungsvorschlag zur Aufgabe 5 der Klausur 3:** | **10 Punkte**

|  |  | Aktiv-tausch | Passiv-tausch | Aktiv-Passiv-Mehrung | Aktiv-Passiv-Minde-rung |
|---|---|---|---|---|---|
| 1. | Rücksendung von Waren, die auf Ziel gekauft wurden |  |  |  | X |
| 2. | Umbuchung der Vorsteuer |  |  |  | X |
| 3. | Kauf einer Maschine auf Ziel |  |  | X |  |
| 4. | Verbrauch von Rohstoffen |  |  |  | X |
| 5. | Aufnahme eines Darlehens |  |  | X |  |
| 6. | Barentnahme des Unternehmers |  |  |  | X |
| 7. | periodengerechter Mieteingang auf unserem Bankkonto (auf diesem war bereits ein Guthaben) |  |  | X |  |
| 8. | Bestandsmehrung bei unfertigen Erzeugnissen |  |  | X |  |
| 9. | Schuldenerlass seitens der Bank |  | X |  |  |
| 10. | Bezug vollständig im Voraus bezahlter Betriebsstoffe | X |  |  |  |

**Lösungsvorschlag zur Aufgabe 6 der Klausur 3:** | **20 Punkte**

a) *Die sachgerechte Buchung wäre gewesen:*

| Telefonaufwand | 200 | | | |
|---|---|---|---|---|
| VSt | 38 | an | Privat (Einlage) | 238 |

*Erforderliche Korrekturbuchung:*

| VSt | 38 | | | |
|---|---|---|---|---|
| Verbindlichkeiten | 238 | an | Privat (Einlage) | 238 |
| | | | Telefonaufwand | 38 |

*Änderungen der GuV-Positionen:*

Telefonaufwand          $-38$          Erfolgsauswirkung:          $+38$

*Probe ($\Delta$ Bestände):*

| Verbindlichkeiten | $+238$ |
|---|---|
| VSt | $+38$ |
| Privat (Einlage) | $-238$ |
| | $+38$ |

b) *Die sachgerechten Buchungen wären gewesen:*

| | | | | |
|---|---|---|---|---|
| BGA | 2.000 | | | |
| VSt | 380 | an | Bank | 1.800 |
| | | | Verbindlichkeiten | 580 |
| Verbindlichkeiten | 580 | an | Privat (Einlagen) | 580 |
| Abschreibung | 250 | an | BGA | 250 |

*Erforderliche Korrekturbuchung:*

| | | | | |
|---|---|---|---|---|
| BGA | 1.750 | | | |
| VSt | 380 | | | |
| Abschreibung | 250 | an | Büroaufwand | 1.800 |
| | | | Privat (Einlagen) | 580 |

*Änderungen der GuV-Positionen:*

| | | | |
|---|---|---|---|
| Büroaufwand | – 1.800 | Erfolgsauswirkung: | + 1.550 |
| Abschreibung | + 250 | | |

*Probe (Δ Bestände):*

| | |
|---|---|
| BGA | + 1.750 |
| VSt | + 380 |
| Privat (Einlagen) | – 580 |
| | + 1.550 |

c) *Die sachgerechte(n) Buchung(en) wäre(n) gewesen:*

| | | | | |
|---|---|---|---|---|
| Mietaufwand | 500 | | | |
| ARAP | 500 | an | Bank | 1.000 |

*oder auch:*

| | | | | |
|---|---|---|---|---|
| Mietaufwand | 1.000 | an | Bank | 1.000 |
| ARAP | 500 | an | Mietaufwand | 500 |

*Erforderliche Korrekturbuchung:*

| | | | | |
|---|---|---|---|---|
| ARAP | 500 | an | Mietaufwand | 500 |

*Änderungen der GuV-Positionen:*

| | | | |
|---|---|---|---|
| Mietaufwand | – 500 | Erfolgsauswirkung: | + 500 |

*Probe (Δ Bestände):*

| | |
|---|---|
| ARAP | + 500 |
| | + 500 |

d)  *Die sachgerechte Buchung wäre gewesen:*

| | | | | |
|---|---|---|---|---|
| Rückstellungen | 5.000 | | | |
| S. b. Aufwand | 500 | | | |
| VSt | 1.045 | an | Bank | 6.545 |

*Erforderliche Korrekturbuchung:*

| | | | | |
|---|---|---|---|---|
| Rückstellungen | 5.000 | | | |
| S. b. Aufwand | 500 | | | |
| VSt | 1.045 | an | Bank | 6.545 |

*Änderungen der GuV-Positionen:*

| | | | |
|---|---|---|---|
| S. b. Aufwand | + 500 | Erfolgsauswirkung: | − 500 |

*Probe (Δ Bestände):*

| | |
|---|---|
| Rückstellungen | + 5.000 |
| VSt | + 1.045 |
| Bank | − 6.545 |
| | − 500 |

# Lösungsvorschläge zur Klausur 4

| Bearbeitungszeit: | 90 Minuten |
|---|---|
| Erreichte Gesamtpunktzahl: | ... Punkte von 90 Punkten |

| Lösungsvorschlag zur Aufgabe 1 der Klausur 4: | 3 Punkte |
|---|---|

Nach § 241 Abs. 1 HGB ist es unter Berücksichtigung der GoB zulässig, die körperliche Bestandsaufnahme auf Stichproben zu beschränken und mit Hilfe anerkannter mathematisch-statistischer Verfahren den Gesamtbestand zu errechnen.

| Lösungsvorschlag zur Aufgabe 2 der Klausur 4: | 16 Punkte |
|---|---|

|  |  | richtig | falsch |
|---|---|---|---|
| 1. | Privateinlagen und Privatentnahmen sind erfolgswirksam. |  | X |
| 2. | Das Privatkonto wird über das Schlussbilanzkonto abgeschlossen. |  | X |
| 3. | Privatentnahmen werden im Haben gebucht. |  | X |
| 4. | Die Verbuchung des Warenverkaufs erfolgt zu Verkaufspreisen auf dem Konto „Warenverkauf". | X |  |
| 5. | Beim Abschluss des Kontos „Wareneinkauf" nach der Bruttomethode lautet der Buchungssatz: „Warenverkauf an Wareneinkauf". |  | X |
| 6. | Das Konto „Wareneinkauf" ist kein reines Aufwandskonto. | X |  |
| 7. | Das Konto „Wareneinkauf" ist ein „gemischtes Konto". | X |  |
| 8. | Beim Abschluss des Kontos „Wareneinkauf" nach der Bruttomethode lautet der Buchungssatz: „GuV-Konto an Wareneinkauf". | X |  |
| 9. | Lieferantenskonti bzw. erhaltene Skonti werden über das Konto „Warenverkauf" abgeschlossen. |  | X |
| 10. | Kundenskonti bzw. gewährte Skonti werden über das Konto „Warenverkauf" abgeschlossen. | X |  |
| 11. | Aktive Rechnungsabgrenzungsposten werden für Ausgaben des laufenden Geschäftsjahres gebildet, die erst im nächsten Geschäftsjahr Aufwand darstellen. | X |  |
| 12. | Aktive Rechnungsabgrenzungsposten werden für Aufwendungen des laufenden Geschäftsjahres gebildet, die erst Ausgaben im nächsten Geschäftsjahr darstellen. |  | X |
| 13. | Rückstellungen gehören zum Eigenkapital. |  | X |
| 14. | Rücklagen gehören zum Eigenkapital. | X |  |
| 15. | Rückstellungen werden über das GuV-Konto abgeschlossen. |  | X |
| 16. | Rückstellungen werden über das SBK abgeschlossen. | X |  |

| **Lösungsvorschlag zur Aufgabe 3 der Klausur 4:** | **10 Punkte** |
|---|---|

a)     Kunde bezahlt eine Forderung der Vorperiode: *Bank an Forderungen*

b)     Geldzufluss durch Kreditaufnahme: *Bank an Darlehen*

c)     Bildung einer Rückstellung: *S. b. Aufwand an Rückstellung*

d)     Kauf eines abschreibungsfähigen Anlagegegenstandes:
       *Maschine und VSt an Verbindlichkeiten aLuL*

e)     Kredittilgung: *Darlehen an Bank*

| **Lösungsvorschlag zur Aufgabe 4 der Klausur 4:** | **13 Punkte** |
|---|---|

a)   *Die sachgerechte Buchung wäre gewesen:*

| Bank | 1.190 | an | S. b. Ertrag | 1.000 |
|---|---|---|---|---|
| | | | USt | 190 |

      *Erforderliche Korrekturbuchung:*

| Fuhrpark | 1.000 | an | S. b. Ertrag | 1.000 |
|---|---|---|---|---|

      *Änderungen der GuV-Positionen:*

| S. b. Ertrag | + 1.000 | Erfolgsauswirkung: | + 1.000 |
|---|---|---|---|
| | | *Probe (Δ Bestände):* | |
| | | Fuhrpark | + 1.000 |
| | | | + 1.000 |

b)   *Die sachgerechte Buchung wäre gewesen:*

| Mietaufwand | 1.000 | | | |
|---|---|---|---|---|
| VSt | 190 | an | Bank | 1.190 |

      *Erforderliche Korrekturbuchung:*

| Mietaufwand | 1.000 | | | |
|---|---|---|---|---|
| VSt | 190 | an | Gebäude | 1.000 |
| | | | Bank | 190 |

      *Änderungen der GuV-Positionen:*

| Mietaufwand | + 1.000 | Erfolgsauswirkung: | − 1.000 |
|---|---|---|---|
| | | *Probe (Δ Bestände):* | |
| | | Gebäude | − 1.000 |
| | | Bank | − 190 |
| | | VSt | + 190 |
| | | Gebäude | − 1.000 |

c) *Die sachgerechten Buchungen wären gewesen:*

| | | | | |
|---|---|---|---|---|
| Maschine | 5.000 | | | |
| VSt | 950 | an | Bank | 5.950 |
| Abschreibung | 1.667 | an | Maschine | 1.667 |

*Erforderliche Korrekturbuchung:*

| | | | | |
|---|---|---|---|---|
| Abschreibung | 1.667 | an | Montageaufwand | 200 |
| | | | Maschine | 1.467 |

*Änderungen der GuV-Positionen:*

| | | | |
|---|---|---|---|
| Abschreibung | + 1.667 | Erfolgsauswirkung: | – 1.467 |
| Montageaufwand | – 200 | | |

*Probe (Δ Bestände):*

| | |
|---|---|
| Maschine | – 1.467 |
| | – 1.467 |

| **Lösungsvorschlag zur Aufgabe 5 der Klausur 4:** | **8 Punkte** |
|---|---|

| | | | | |
|---|---|---|---|---|
| a) | Privat | 300 | an Kasse | 300 |
| b) | Privat | 200 | an Bank | 200 |
| c) | Privat | 400 | an Bank | 400 |
| d) | Privat | 119 | an Entnahme v.G.u.s.L. | 100 |
| | | | USt | 19 |
| e) | Privat | 5.950 | an Fuhrpark | 4.000 |
| | | | S. b. Erträge | 1.000 |
| | | | USt | 950 |
| f) | Kasse | 4.000 | an Privat | 4.000 |

| **Lösungsvorschlag zur Aufgabe 6 der Klausur 4:** | **12 Punkte** |
|---|---|

a) Nachdem alle Geschäftsvorfälle verbucht worden sind, wird die Kontensumme der betragsmäßig höheren Kontenseite ermittelt. Bei Aktivkonten ist dies i. d. R. die Sollseite, bei Passivkonten die Habenseite. Anschließend wird die Summe auf die andere Kontenseite übertragen und der Saldo gebildet. Der Kontenabschluss erfolgt dann über das Schlussbilanzkonto (SBK).

| Buchungssätze: | SBK | an | Aktivkonto |
|---|---|---|---|
| | Passivkonto | an | SBK |

b) Erfolgskonten sind Aufwands- und Ertragskonten und werden über das Gewinn- und Verlustkonto (GuV-Konto) abgeschlossen. Sie sind somit Unterkonten des Eigenkapitalkontos.

c) Erfolgsneutral sind Bilanzveränderungen immer dann, wenn das Eigenkapitalkonto nicht „berührt" wird. Aufwands- und Ertragskonten werden bei erfolgsneutralen Buchungen also nicht „angesprochen".

| **Lösungsvorschlag zur Aufgabe 7 der Klausur 4:** | **8 Punkte** |
| --- | --- |

| | |
| --- | --- |
| Gesamtbetrag der Forderung zum 31.12. (brutto) | 89.250 |
| ./. zweifelhafte Forderungen | 17.850 |
| pauschal wertzuberichtigende Forderungen (brutto) | 71.400 |
| ./. Umsatzsteuer | 11.400 |
| pauschal wertzuberichtigende Forderungen (netto) | 60.000 |
| | |
| hierauf 3 % Pauschalwertberichtigung: | 1.800 |
| zzgl. Einzelwertberichtigung i. H. v. 40 % auf | |
| Nettobetrag von 17.850 EUR (brutto) | 6.000 |
| Wertberichtigung insgesamt | 7.800 |

*Buchungssätze:*

| | | | | |
| --- | --- | --- | --- | --- |
| Zweifelhafte Ford. | 17.850 | an | Forderungen | 17.850 |
| Abschreibung auf Ford. | 6.000 | an | Zweifelhafte Ford. | 6.000 |
| Einstellung in die PWB | 1.800 | an | PWB | 1.800 |

| **Lösungsvorschlag zur Aufgabe 8 der Klausur 4:** | **10 Punkte** |
| --- | --- |

a) Betriebsbedingter Aufwand:     Materialaufwand

    Neutraler Ertrag:                Verkauf einer Maschine über Buchwert

b) Bank belastet Stückzinsen:             neutraler Aufwand

    Kursverlust von Aktien:               neutraler Aufwand

    Einsatz von Rohstoffen:              betriebsbedingter Aufwand

    Gewerbesteuerrückerstattung:     neutraler Ertrag

    Verkauf von fertigen Erzeugnissen:     betriebsbedingter Ertrag

    Weiterbelastung von Wechseldiskont:     neutraler Ertrag

c) Das „ordentliche" Betriebsergebnis entspricht der Differenz der nachhaltigen betrieblichen Erträge und Aufwendungen. Beim „ordentlichen" Finanzergebnis werden die nachhaltigen betriebsfremdem Erträge und Aufwendungen gegenübergestellt. Als betriebsfremd werden die aus den Beteiligungs- und Finanzgeschäften resultierenden Stromgrößen bezeichnet. Als „außerordentlich" gelten unregelmäßige, periodenfremde und/oder vorübergehende Erträge und Aufwendungen, die entsprechend das außerordentliche Ergebnis bilden. Alle drei Komponenten bilden schließlich den Gesamterfolg der Periode.

*Nachrichtlich:* Das „ordentliche" Finanzergebnis und das „außerordentliche" Ergebnis werden gewöhnlich zum neutralen Ergebnis zusammengefasst. Die einzelnen Komponenten des neutralen Ergebnisses werden entsprechend neutrale Erträge bzw. neutrale Aufwendungen bezeichnet.

| **Lösungsvorschlag zur Aufgabe 9 der Klausur 4:** | **10 Punkte** |
|---|---|

Anschaffungskosten: 300.000 EUR; ND: 5 Jahre; AfA pro Jahr: 60.000 EUR

| | | | |
|---|---|---|---|
| Anschaffungskosten: | | | 300.000 |
| ./. Abschreibung 03 bis 05 | 3 x 60.000 | | |
| ./. Abschreibung 06 | 30.000 | | |
| | 210.000 | | ./. 210.000 |
| Restbuchwert am 01.06.06: | | | 90.000 |

a) Verkaufserlös: 55.000
   Restbuchwert: 90.000
   Verlust aus dem Verkauf: 35.000

*Buchungen in 06:*

| | | | | |
|---|---|---|---|---|
| Abschreibung | 30.000 | an | Maschinen | 30.000 |
| Bank | 65.450 | | | |
| Verl. aus Anl.-Abg. | 35.000 | an | Maschinen | 90.000 |
| | | | USt | 10.450 |

b) Verkaufserlös: 98.000
   Restbuchwert 90.000
   Gewinn aus dem Verkauf 8.000

*Buchung in 06:*

| | | | | |
|---|---|---|---|---|
| Bank | 116.620 | an | Maschinen | 90.000 |
| | | | USt | 18.620 |
| | | | Gew. aus Anl.-Abg. | 8.000 |

# Lösungsvorschläge zur Klausur 5

| Bearbeitungszeit: | 90 Minuten |
|---|---|
| Erreichte Gesamtpunktzahl: | ... Punkte von 90 Punkten |

| Lösungsvorschlag zur Aufgabe 1 der Klausur 5: | 14 Punkte |
|---|---|

a) Der *Kontenrahmen* ist ein Ordnungsinstrument für die Konten der Buchhaltung eines Wirtschaftszweiges. Der *Kontenplan* ist ein Ordnungsinstrument für die Konten der Buchhaltung eines einzelnen Unternehmens.

b) Der *Industriekontenrahmen* (IKR) ist nach dem Abschlussgliederungsprinzip aufgebaut. Das heißt der Kontenrahmen umfasst nur die Konten der Finanzbuchführung. Die Anordnung der Kontenklassen entspricht der Gliederung des Jahresabschlusses in Bilanz sowie Gewinn- und Verlustrechnung. Die Kosten- und Leistungsrechnung wird getrennt von Konten der Finanzbuchhaltung in einer eigenen Kontenklasse abgewickelt (Zweikreissystem).

Der *Gemeinschaftskontenrahmen* (GKR) ist nach dem Prozessgliederungsprinzip aufgebaut. Das heißt, die Kontengliederung erfolgt nach dem betrieblichen Wertefluss, so dass hier die Konten der Finanzbuchhaltung sowie die Konten der Kosten- und Leistungsrechnung in einem einheitlichen System abgewickelt werden (Einkreissystem).

c) Die *Passivseite* zeigt an, woher die zur Anschaffung der Vermögensgegenstände erforderlichen Mittel stammen, während die *Aktivseite* darüber informiert, was für diese Mittel angeschafft wurde. Das heißt, die Passivseite gibt die Mittelherkunft und die Aktivseite die Mittelverwendung an.

| Lösungsvorschlag zur Aufgabe 2 der Klausur 5: | 10 Punkte |
|---|---|

| | | richtig | falsch |
|---|---|---|---|
| 1. | Privateinlagen und Privatentnahmen verändern das Eigenkapital. | X | |
| 2. | Privateinlagen werden im Haben gebucht. | X | |
| 3. | Privatentnahmen werden im Soll gebucht. | X | |
| 4. | Die Verbuchung des Warenverkaufs erfolgt zu Anschaffungskosten auf dem Konto „Warenverkauf". | | X |
| 5. | Wird der Wareneinsatz parallel zum Warenverkauf gebucht, ist am Jahresende der rechnerische Endbestand immer gleich dem tatsächlichen Endbestand. | | X |

| | | richtig | falsch |
|---|---|---|---|
| 6. | Das Konto „Wareneinkauf" ist ein reines Bestandskonto. | | X |
| 7. | Beim Abschluss des Kontos „Wareneinkauf" nach der Nettomethode lautet der Buchungssatz: „Warenverkauf an Wareneinkauf". | X | |
| 8. | Beim Abschluss des Kontos „Wareneinkauf" nach der Nettomethode lautet der Buchungssatz: „GuV-Konto an Wareneinkauf". | | X |
| 9. | Lieferantenskonti bzw. erhaltene Skonti werden über das Konto „Wareneinkauf" abgeschlossen. | X | |
| 10. | Kundenskonti bzw. gewährte Skonti werden über das Konto „Wareneinkauf" abgeschlossen. | | X |

| Lösungsvorschlag zur Aufgabe 3 der Klausur 5: | 12 Punkte |
|---|---|

a) Zielkauf von Waren

b) Abschluss des Vorsteuerkontos

c) Umwandlung einer kurzfristigen Lieferantenschuld in ein langfristiges Darlehen

d) Bildung einer Gewerbesteuerrückstellung

e) Bezahlung der USt-Schuld durch Banküberweisung

f) Verbrauch von Rohstoffen

g) Es werden Gehälter überwiesen; der Arbeitnehmeranteil (Steuern und Sozialversicherungsbeträge) wird einbehalten.

h) Abschreibung eines Kfz

## Lösungsvorschlag zur Aufgabe 4 der Klausur 5: | 37 Punkte

| Konto | Summenbilanz Soll | Summenbilanz Haben | Saldenbilanz I Soll | Saldenbilanz I Haben | Umbuchungen Soll | Umbuchungen Haben | Saldenbilanz II Soll | Saldenbilanz II Haben | Abschlussbilanz Aktiva | Abschlussbilanz Passiva | Erfolgsbilanz Aufwand | Erfolgsbilanz Ertrag |
|---|---|---|---|---|---|---|---|---|---|---|---|---|
| Gebäude | 400.000 | | 400.000 | | | 8.000 | 392.000 | | 392.000 | | | |
| Maschinen | 350.000 | | 350.000 | | | 35.000 | 315.000 | | 315.000 | | | |
| BGA | 150.000 | | 150.000 | | | 15.000 | 135.000 | | 135.000 | | | |
| Kasse | 47.800 | 41.150 | 6.650 | | | | 6.650 | | 6.650 | | | |
| Bank | 700.000 | 660.000 | 40.000 | | | | 40.000 | | 40.000 | | | |
| Rohstoffe | 200.000 | 125.000 | 75.000 | | | 1.000 | 74.000 | | 74.000 | | | |
| Fertige Erzeugnisse | 40.000 | 30.000 | 10.000 | | | 250 | 9.750 | | 9.750 | | | |
| Forderungen aLuL | 600.000 | 490.000 | 110.000 | | | | 110.000 | | 110.000 | | | |
| Zweifelhafte Ford. | 15.000 | | 15.000 | | | 5.500 | 9.500 | | 9.500 | | | |
| Sonst. Forderungen | 10.000 | 6.000 | 4.000 | | 150 | | 4.150 | | 4.150 | | | |
| Vorsteuer | 26.100 | | 26.100 | | | 26.100 | | | | | | |
| ARAP | | | | | 500 | | 500 | | 500 | | | |
| Eigenkapital | | 652.650 | | 652.650 | 10.000 | | | 642.650 | | 642.650 | | |
| Privat | 10.000 | | 10.000 | | | 10.000 | | | | | | |
| Rückstellungen | 4.000 | 25.000 | | 21.000 | | 2.500 | | 23.500 | | 23.500 | | |
| Bankdarlehen | 25.000 | 125.000 | | 100.000 | | | | 100.000 | | 100.000 | | |
| Verbindlichkeiten aLuL | 405.000 | 480.000 | | 75.000 | | | | 75.000 | | 75.000 | | |
| Umsatzsteuer | | 41.200 | | 41.200 | 26.100 | | | 15.100 | | 15.100 | | |
| Sonst. Verbindlichk. | | 5.000 | | 5.000 | | 200 | | 5.200 | | 5.200 | | |
| PRAP | | | | | | 600 | | 600 | | 600 | | |
| Umsatzerlöse | | 1.200.000 | | 1.200.000 | | | | 1.200.000 | | | | 1.200.000 |
| Zinsertrag | | 10.000 | | 10.000 | | 150 | | 10.150 | | | | 10.150 |
| Mietertrag | | 9.000 | | 9.000 | 600 | | | 8.400 | | | | 8.400 |
| Löhne und Gehälter | 747.500 | | 747.500 | | | | 747.500 | | | | 747.500 | |
| Arbeitgeberanteile | 99.500 | | 99.500 | | | | 99.500 | | | | 99.500 | |
| Abschr. auf Anlagen | | | | | 58.000 | | 58.000 | | | | 58.000 | |
| Abschr. auf Ford. | | | | | 5.500 | | 5.500 | | | | 5.500 | |
| Zinsaufwand | 5.000 | | 5.000 | | 200 | | 5.200 | | | | 5.200 | |
| Mietaufwand | 12.000 | | 12.000 | | | 500 | 11.500 | | | | 11.500 | |
| Sonstige Aufwendungen | | | | | 2.500 | | 2.500 | | | | 2.500 | |
| Aufwendungen für Rohst. | | | | | 1.000 | | 1.000 | | | | 1.000 | |
| Bestandsveränderungen | 53.100 | | 53.100 | | 250 | | 53.350 | | | | 53.350 | |
| | 3.900.000 | 3.900.000 | 2.113.850 | 2.113.850 | 104.800 | 104.800 | 2.080.600 | 2.080.600 | 1.096.550 | 862.050 | 984.050 | 1.218.550 |
| Gewinn: | | | | | | | | | | 234.500 | 234.500 | |
| | | | | | | | | | 1.096.550 | 1.096.550 | 1.218.550 | 1.218.550 |

| Lösungsvorschlag zur Aufgabe 5 der Klausur 5: | 17 Punkte |
|---|---|

a) Es wird in einwandfreie Forderungen, zweifelhafte Forderungen und uneinbringliche Forderungen unterschieden. Einwandfreie Forderungen sind mit dem Nennwert (Bruttobetrag) anzusetzen. Zweifelhafte Forderungen sind mit dem wahrscheinlichen Wert anzusetzen. Uneinbringliche Forderungen sind voll abzuschreiben. Die Korrektur der Umsatzsteuer erfolgt dabei erst, wenn der Zahlungsausfall sicher ist.

b) Bei der indirekten Abschreibung werden sämtliche zweifelhaften Forderungen in voller Höhe auf dem Forderungskonto ausgewiesen. Die Höhe der entsprechend hierfür gebildeten Wertberichtigungen ist aus dem Bestandskonto „Wertberichtigungen" zu erkennen.

c) • **Grundsatz der Klarheit:** Die Buchführung muss klar und übersichtlich sein! Die Eintragungen haben in einer lebendigen Sprache zu erfolgen, wobei die Schriftzeichen eindeutig festgelegt sein müssen.

   • **Grundsatz der Vollständigkeit:** Alle Geschäftsvorfälle sind zu erfassen!

   • **Grundsatz des Belegzwangs:** Keine Buchung ohne Beleg!

   • **Grundsatz der Aufbewahrung:** Es hat eine geordnete Aufbewahrung der relevanten Unterlagen innerhalb der entsprechenden Aufbewahrungsfrist zu erfolgen!

d) Während dem Anlagevermögen jene Vermögensgegenstände zuzurechnen sind, die dauernd dem Geschäftsbetrieb des Unternehmens dienen sollen, sind dem Umlaufvermögen – im Umkehrschluss – jene Vermögensgegenstände zu subsumieren, die nicht dauernd den Geschäftsbetrieb dienen sollen. Zum Anlagevermögen wird in Ermangelung einer konkreten gesetzlichen Regelung jenes Vermögen gezählt, was nicht innerhalb der auf dem Bilanzstichtag folgenden zwölf Monate „umgeschlagen" werden soll.

# Lösungsvorschläge zur Klausur 6

| Bearbeitungszeit: | 90 Minuten |
|---|---|
| Erreichte Gesamtpunktzahl: | … Punkte von 90 Punkten |

| Lösungsvorschlag zur Aufgabe 1 der Klausur 6: | 11 Punkte |
|---|---|

a) Wir erhalten Zinsen für einen Zeitraum nach dem Bilanzstichtag bereits vor diesem Zeitraum gutgeschrieben.

b) Wir verkaufen Waren auf Ziel.

c) Der Unternehmer leistet eine Bareinlage.

d) Wir verkaufen eine Maschine. Der Verkaufspreis liegt über dem Restbuchwert.

e) Der Unternehmer tätigt eine Warenentnahme.

f) Wir begleichen eine Rechnung unter Inanspruchnahme von Skonto.

g) Wir schließen das Wareneinkaufskonto nach der Nettomethode ab.

| Lösungsvorschlag zur Aufgabe 2 der Klausur 6: | 10 Punkte |
|---|---|

|  |  | richtig | falsch |
|---|---|:---:|:---:|
| 1. | Lieferantenskonti bzw. erhaltene Skonti werden wie folgt umgebucht: „Lieferantenskonti an Wareneinkauf". | X |  |
| 2. | Kundenskonti bzw. gewährte Skonti werden wie folgt umgebucht: „Warenverkauf an Kundenskonti". | X |  |
| 3. | Werden Waren vom belieferten Betrieb A an den Lieferanten B zurückgeschickt, dann handelt es sich um einen Ertrag bei B. |  | X |
| 4. | Steigt der Bestand des Lagers der fertigen Erzeugnisse und erfolgt keine ertragswirksame Berücksichtigung, dann wird der Erfolg der Periode zu niedrig ausgewiesen. | X |  |
| 5. | Durch den allgemeinen Buchungssatz „fertige Erzeugnisse an Bestandserhöhung" wird der Ertrag der Periode um den Wert der Lagerbestandszunahme erhöht. | X |  |
| 6. | Im Falle der Lagerbestandsabnahme werden im GuV-Konto auf der Sollseite die Aufwendungen für die produzierten Erzeugnisse der laufenden Periode und der Wert der Bestandsminderungen aufgeführt. | X |  |

|  | | richtig | falsch |
|---|---|---|---|
| 7. | Abschreibungen werden in der Buchführung von den Wieder-beschaffungskosten vorgenommen, weil in vielen Fällen die Preise der Vermögensgegenstände steigen. | | X |
| 8. | Wird eine Maschine „frei Haus" geliefert, dann sind diese Aufwendungen als Anschaffungsnebenkosten zu aktivieren. | | X |
| 9. | Die Aktivierung von Anschaffungskosten erfolgt immer zum Bruttopreis (d. h. inklusive USt). | | X |
| 10. | Werden beim Erwerb einer Maschine Rabatte gewährt, muss die Aktivierung zum Nettopreis erfolgen, der die Rabatte berücksichtigt. | X | |

| **Lösungsvorschlag zur Aufgabe 3 der Klausur 6:** | **15 Punkte** |
|---|---|

| A | Bilanz (a) | | P |
|---|---|---|---|
| Kasse | 2.000 | Eigenkapital | 2.000 |
| | 2.000 | | 2.000 |

| A | Bilanz (b) | | P |
|---|---|---|---|
| Bankguthaben | 7.000 | Eigenkapital | 2.000 |
| Kasse | 2.000 | Darlehen | 7.000 |
| | 9.000 | | 9.000 |

| A | Bilanz (c) | | P |
|---|---|---|---|
| BGA | 3.000 | Eigenkapital | 2.000 |
| Bankguthaben | 4.000 | Darlehen | 7.000 |
| Kasse | 2.000 | | |
| | 9.000 | | 9.000 |

| A | Bilanz (d) | | P |
|---|---|---|---|
| BGA | 3.000 | Eigenkapital | 2.000 |
| Vorräte | 1.500 | Darlehen | 7.000 |
| Bankguthaben | 4.000 | | |
| Kasse | 500 | | |
| | 9.000 | | 9.000 |

| A | Bilanz (e) | | P |
|---|---|---|---|
| BGA | 3.000 | Eigenkapital | 2.000 |
| Vorräte | 1.500 | Darlehen | 6.500 |
| Bankguthaben | 3.500 | | |
| Kasse | 500 | | |
| | 8.500 | | 8.500 |

| A | Bilanz (f) | | P |
|---|---|---|---|
| BGA | 3.000 | Eigenkapital | 2.200 |
| Vorräte | 1.200 | Darlehen | 6.500 |
| Bankguthaben | 3.500 | | |
| Kasse | 1.000 | | |
| | 8.700 | | 8.700 |

| **Lösungsvorschlag zur Aufgabe 4 der Klausur 6:** | | **54 Punkte** |
|---|---|---|

1) Wareneinkaug 10.000
   Bezugskosten 1.000
   VSt 2.090 an Verb. aLuL 13.090

2) Forderungen aLuL 47.600 an Warenverkauf 40.000
   USt 7.600

3) Warenverkauf 10.000
   USt 1.900 an Forderungen aLuL 11.900

4) GewSt-Aufw. 12.000 an Bank 12.000

5) ARAP 500 an Bank 595
   VSt 95

6) Wareneinkauf 17.500
   VSt 3.325 an Verb. aLuL 20.825

7) Verb. aLuL 952 an Erhaltene Waren-Boni 800
   VSt 152

8) Zinsaufwand 5.000 an Sonstige Verb. 5.000

9) Aufw. für Rohstoffe 15.000 an Rohstoffe 15.000

10) Aufw. für Hilfsstoffe 3.000 an Hilfsstoffe 3.000

11) Verb. aLuL 15.000 an Bank 15.000

12) Forderungen aLuL 11.900 an Umsatzerlöse 10.000
    USt 1.900

13) Forderungen aLuL 29.750 an Warenverkauf 25.000
    USt 4.750

14) Gewährte Skonti 500
    USt 95
    Bank 29.155 an Forderungen aLuL 29.750

| 15) | Privat | 2.000 | an | Kasse | 2.000 |
|-----|--------|-------|----|-------|-------|
| 16) | Bank | 14.280 | an | Maschinen | 10.000 |
| | | | | USt | 2.280 |
| | | | | S. b. Ertrag | 2.000 |
| 17) | Abschreibungen | 2.000 | an | Gebäude | 2.000 |
| 18) | SBK | 1.000 | an | Wareneinkauf | 1.000 |
| 19) | SBK | 2.000 | an | Betriebsstoffe | 2.000 |
| | Aufw. für Betriebsstoffe | 1.000 | an | Betriebsstoffe | 1.000 |
| 20) | SBK | 1.000 | an | Fertige Erzeugnisse | 1.000 |
| | Bestandsveränderungen | 8.000 | an | Fertige Erzeugnisse | 8.000 |
| 21) | SBK | 25.000 | an | Unfertige Erzeugnisse | 25.000 |
| | Unfertige Erzeugnisse | 12.000 | an | Bestandsveränderungen | 12.000 |
| 22) | SBK | 2.000 | an | Hilfsstoffe | 2.000 |

| S | Gebäude | | H |
|---|---------|---|---|
| AB | 80.000 | 17) | 2.000 |
| | | SBK | 78.000 |
| | 80.000 | | 80.000 |

| S | Maschinen | | H |
|---|-----------|---|---|
| AB | 35.000 | 16) | 10.000 |
| | | SBK | 25.000 |
| | 35.000 | | 35.000 |

| S | BGA | | H |
|---|-----|---|---|
| AB | 15.000 | SBK | 15.000 |
| | 15.000 | | 15.000 |

| S | Rohstoffe | | H |
|---|-----------|---|---|
| AB | 21.000 | 9) | 15.000 |
| | | SBK | 6.000 |
| | 21.000 | | 21.000 |

| S | Wareneinkauf | | H |
|---|--------------|---|---|
| AB | 17.000 | 18) SBK | 1.000 |
| 1) | 10.000 | Warenb. | 800 |
| 6) | 17.500 | GuV-K | 43.700 |
| Bez.-K. | 1.000 | | |
| | 45.500 | | 45.500 |

| S | Forderungen | | H |
|---|-------------|---|---|
| AB | 18.000 | 3) | 11.900 |
| 2) | 47.600 | 14) | 29.750 |
| 12) | 11.900 | SBK | 65.600 |
| 13) | 29.750 | | |
| | 107.250 | | 107.250 |

| S | Betriebsstoffe | | H |
|---|----------------|---|---|
| AB | 3.000 | 19) SBK | 2.000 |
| | | 19) Aufw. | 1.000 |
| | 3.000 | | 3.000 |

| S | Hilfsstoffe | | H |
|---|-------------|---|---|
| AB | 5.000 | 10) | 3.000 |
| | | 22) SBK | 2.000 |
| | 5.000 | | 5.000 |

| S | Fertige Erzeugnisse | | H |
|---|---------------------|---|---|
| AB | 9.000 | 20) SBK | 1.000 |
| | | BV | 8.000 |
| | 9.000 | | 9.000 |

| S | Unfertige Erzeugnisse | | H |
|---|-----------------------|---|---|
| AB | 13.000 | 21) SBK | 25.000 |
| BV | 12.000 | | |
| | 25.000 | | 25.000 |

| S | Bank | | H |
|---|---|---|---|
| AB | 32.000 | 4) | 12.000 |
| 14) | 29.155 | 5) | 595 |
| 16) | 14.280 | 11) | 15.000 |
| | | SBK | **47.840** |
| | 75.435 | | 75.435 |

| S | Kasse | | H |
|---|---|---|---|
| AB | 47.000 | 15) | 2.000 |
| | | SBK | **45.000** |
| | 47.000 | | 47.000 |

| S | Vorsteuer | | H |
|---|---|---|---|
| 1) | 2.090 | 7) | 152 |
| 5) | 95 | USt | 5.358 |
| 6) | 3.325 | | |
| | 5.510 | | 5.510 |

| S | Umsatzsteuer | | H |
|---|---|---|---|
| 3) | 1.900 | AB | 9.000 |
| 14) | 95 | 2) | 7.600 |
| VSt | 5.358 | 12) | 1.900 |
| SBK | **18.177** | 13) | 4.750 |
| | | 16) | 2.280 |
| | 25.530 | | 25.530 |

| S | Rückstellungen | | H |
|---|---|---|---|
| SBK | **51.000** | AB | 51.000 |
| | 51.000 | | 51.000 |

| S | Darlehen | | H |
|---|---|---|---|
| SBK | **100.000** | AB | 100.000 |
| | 100.000 | | 100.000 |

| S | Verb. aLuL | | H |
|---|---|---|---|
| 7) | 952 | AB | 53.000 |
| 11) | 15.000 | 1) | 13.090 |
| SBK | **70.963** | 6) | 20.825 |
| | 86.915 | | 86.915 |

| S | Sonst. Verb. | | H |
|---|---|---|---|
| SBK | **17.000** | AB | 12.000 |
| | | 8) | 5.000 |
| | 17.000 | | 17.000 |

| S | Eigenkapital | | H |
|---|---|---|---|
| Privat | 2.000 | AB | 70.000 |
| GuV-K | 11.200 | | |
| SBK | **56.800** | | |
| | 70.000 | | 70.000 |

| S | Warenverkauf | | H |
|---|---|---|---|
| 3) | 10.000 | 2) | 40.000 |
| Gew. Sk. | 500 | 13) | 25.000 |
| GuV-K | **54.500** | | |
| | 65.000 | | 65.000 |

| S | Gewerbesteuer | | H |
|---|---|---|---|
| 4) | 12.000 | GuV-K | **12.000** |
| | 12.000 | | 12.000 |

| S | Erhalt. Warenboni | | H |
|---|---|---|---|
| W.-Eink. | 800 | 7) | 800 |
| | 800 | | 800 |

| S | Zinsaufw. | | H |
|---|---|---|---|
| 8) | 5.000 | GuV-K | **5.000** |
| | 5.000 | | 5.000 |

| S | Aufw. für Rohstoffe | | H |
|---|---|---|---|
| 9) | 15.000 | GuV-K | **15.000** |
| | 15.000 | | 15.000 |

| S | Aufw. für Hilfsstoffe | | H |
|---|---|---|---|
| 10) | 3.000 | GuV-K | **3.000** |
| | 3.000 | | 3.000 |

| S | Aufw. für Betriebsstoffe | | H |
|---|---|---|---|
| 19) | 1.000 | GuV-K | **1.000** |
| | 1.000 | | 1.000 |

| S | Gew. Skonti | | H |
|---|---|---|---|
| 14) | 500 | Warenverk. | 500 |
| | 500 | | 500 |

| S | Privat | | H |
|---|---|---|---|
| 15) | 2.000 | EK | **2.000** |
| | 2.000 | | 2.000 |

| S | ARAP | | H |
|---|---|---|---|
| 5) | 500 | SBK | **500** |
| | 500 | | 500 |

| S | S. b. Erträge | | H |
|---|---|---|---|
| GuV-K | **2.000** | 16) | 2.000 |
| | 2.000 | | 2.000 |

| S | Bezugskosten | | H |
|---|---|---|---|
| 1) | 1.000 | W.-Eink. | 1.000 |
| | 1.000 | | 1.000 |

| S | Umsatzerlöse (Fertige Erzeugnisse) | | H |
|---|---|---|---|
| **GuV-K** | **10.000** | 12) | 10.000 |
| | 10.000 | | 10.000 |

| S | | SBK | | H |
|---|---|---|---|---|
| Geb. | 78.000 | Eigenkap. | 56.800 |
| Masch. | 25.000 | Rückst. | 51.000 |
| BGA | 15.000 | Darlehen | 100.000 |
| Waren | 1.000 | Verb. aLuL | 70.963 |
| Rohstoffe | 6.000 | Sonst. Verb. | 17.000 |
| Betriebs- | | USt | 18.177 |
| stoffe | 2.000 | | |
| Hilfsstoffe | 2.000 | | |
| Fertige Erz. | 1.000 | | |
| Unf. Erz. | 25.000 | | |
| Ford. | 65.600 | | |
| Bank | 47.840 | | |
| Kasse | 45.000 | | |
| ARAP | 500 | | |
| | 313.940 | | 313.940 |

| S | Abschreibungen | | H |
|---|---|---|---|
| 17) | 2.000 | **GuV-K** | **2.000** |
| | 2.000 | | 2.000 |

| S | Bestandsveränderungen | | H |
|---|---|---|---|
| 20) | 8.000 | 21) | 12.000 |
| **GuV-K** | **4.000** | | |
| | 12.000 | | 12.000 |

| S | | GuV-Konto | | H |
|---|---|---|---|---|
| W.-Eink. | 43.700 | W.-Verk. | 54.500 |
| AfR | 15.000 | UE (FE) | 10.000 |
| AfH | 3.000 | BV | 4.000 |
| AfB | 1.000 | S. b. Ertr. | 2.000 |
| Abschr. | 2.000 | EK (Verl.) | 11.200 |
| Zinsaufw. | 5.000 | | |
| GewSt | 12.000 | | |
| | 81.700 | | 81.700 |

# Lösungsvorschläge zur Klausur 7

| Bearbeitungszeit: | 90 Minuten |
|---|---|
| Erreichte Gesamtpunktzahl: | ... Punkte von 90 Punkten |

| Lösungsvorschlag zur Aufgabe 1 der Klausur 7: | 8 Punkte |
|---|---|

a) Lohnzahlung für in der Periode erbrachte Arbeitsleistungen

b) Begleichung einer in Vorperioden gebildeten sonstigen Verbindlichkeit

c) Kauf eines abschreibungsfähigen Anlagegegenstandes

d) Kredittilgung

e) Waren, die im selben Jahr veräußert und dann vom Kunden bezahlt werden

f) Erstellung und Absatz von Produkten, für die in einer vorhergehenden Periode eine Anzahlung erfolgte

g) Forderungen aus erbrachten Lieferungen oder Leistungen, die erst in der folgenden Periode beglichen werden

h) Warenentnahme durch den Eigner

| Lösungsvorschlag zur Aufgabe 2 der Klausur 7: | 10 Punkte |
|---|---|

| | | richtig | falsch |
|---|---|---|---|
| 1. | Lieferantenskonti bzw. erhaltene Skonti werden wie folgt umgebucht: „Wareneinkauf an Lieferantenskonti". | | X |
| 2. | Kundenskonti bzw. gewährte Skonti werden wie folgt umgebucht: „Kundenskonti an Warenverkauf". | | X |
| 3. | Bei der Verbuchung von Rücksendungen muss eine Umsatzsteuerkorrektur erfolgen, weil sich die Bemessungsgrundlage für die USt nachträglich geändert hat. | X | |
| 4. | Ist die produzierte Menge kleiner als die abgesetzte Menge, ergeben sich hieraus nur dann erfolgswirksame Konsequenzen, wenn ein Endbestand zu verzeichnen ist. | | X |
| 5. | Im Falle der Lagerbestandsabnahme wird auf dem Bestandskonto „fertige Erzeugnisse" eine Buchung auf der Sollseite vorgenommen. | | X |
| 6. | Durch den allgemeinen Buchungssatz „Bestandserhöhung an fertige Erzeugnisse" wird der Ertrag der Periode um den Wert der Lagerzunahme erhöht. | | X |
| 7. | Steuerliche und handelsrechtliche Herstellungskosten stimmen immer überein. | | X |

|  |  | richtig | falsch |
|---|---|---|---|
| 8. | Die Aktivierung von Anschaffungsnebenkosten verfolgt das Ziel einer periodengerechten Gewinnermittlung. | X | |
| 9. | Die Aktivierung von Anschaffungskosten erfolgt immer zum Nettopreis (d. h. ohne USt). | X | |
| 10. | Eine Pauschalabschreibung von Forderungen ist üblich, wenn sich der Forderungsbestand aus wenigen Forderungen zusammensetzt, die jeweils einen hohen Betrag aufweisen. | | X |

| **Lösungsvorschlag zur Aufgabe 3 der Klausur 7:** | **10 Punkte** |
|---|---|

|  |  | Aktiv-tausch | Passiv-tausch | Aktiv-Passiv-Mehrung | Aktiv-Passiv-Minde-rung |
|---|---|---|---|---|---|
| 1. | Skontoabzug auf Ausgangsrechnung | | | | X |
| 2. | Barentnahme des Unternehmers | | | | X |
| 3. | Umbuchung der Vorsteuer | | | | X |
| 4. | Banküberweisung an Lieferanten | | | | X |
| 5. | Bestandsmehrung bei unfertigen Erzeugnissen | | | X | |
| 6. | Unsere Banküberweisung für Miete | | | | X |
| 7. | Kauf einer Maschine auf Kredit | | | X | |
| 8. | Bezug voll voraus bezahlter Betriebsstoffe | X | | | |
| 9. | Verbrauch von Rohstoffen | | | | X |
| 10. | Schuldenerlass seitens eines Lieferanten | | X | | |

| **Lösungsvorschlag zur Aufgabe 4 der Klausur 7:** | **14 Punkte** |
|---|---|

*Nettomethode:*

Fall a) Bank            17.850      an Maschinen          12.000
                                        Gew. aus Anl.-Abg.     3.000
                                        USt                    2.850

Fall b) Bank            17.850
        Verl. a. Anl.-Abg.   3.000      an Maschinen         18.000
                                        USt                   2.850

*Bruttomethode:*

| Fall a) Bank | 17.850 | an Erlöse a. Anl.-Abg. (BG) | 15.000 |
|---|---|---|---|
| | | USt | 2.850 |

| Erl. a. Anl.-Abg. (BG) | 15.000 | an Maschinen | 12.000 |
|---|---|---|---|
| | | Gew. aus Anl.-Abg. | 3.000 |

| Fall b) Bank | 17.850 | an Erlöse a. Anl.-Abg. (BV) | 15.000 |
|---|---|---|---|
| | | USt | 2.850 |

| Erlöse a. Anl.-Abg. (BV) | 15.000 | an Maschinen | 18.000 |
|---|---|---|---|
| Verluste aus Anl.-Abg. | 3.000 | | |

| **Lösungsvorschlag zur Aufgabe 5 der Klausur 7:** | | | **13 Punkte** |
|---|---|---|---|

| 1. | Besitzwechsel | 5.750,00 | an Forderungen | 5.750,00 |
|---|---|---|---|---|
| 2. | Bank | 5.661,75 | | |
| | Diskontaufwand | 86,25 | | |
| | Kosten Geldverkehr | 2,00 | an Besitzwechsel | 5.750,00 |
| 3. | Forderungen | 98,15 | an Diskontertrag | 86,25 |
| | | | Kosten Geldverkehr | 10,00 |
| | | | USt | 1,90 |
| 4. | Bank | 98,15 | an Forderungen | 98,15 |
| 5. | Verbindlichkeiten | 1.500,00 | an Schuldwechsel | 1.500,00 |
| 6. | Diskontaufwand | 99,00 | | |
| | Kosten Geldverkehr | 20,00 | | |
| | VSt | 3,80 | an Verbindlichkeiten | 122,80 |
| 7. | Verbindlichkeiten | 122,80 | an Bank | 122,80 |
| 8. | Schuldwechsel | 1.500,00 | an Bank | 1.500,00 |

| **Lösungsvorschlag zur Aufgabe 6 der Klausur 7:** | | | **35 Punkte** |
|---|---|---|---|

1. Wir erhalten Waren geliefert, die wir sofort bar bezahlen und somit Skonto in Anspruch nehmen.

2. Wir zahlen per Akzept eine Verbindlichkeit.

3. Wir verkaufen eine Maschine über Restbuchwert (Bruttomethode).

4. Wir schreiben Forderungen indirekt ab.

5. Eine Rückstellung ist höher als die Steuernachzahlung.

6. Wir erhalten Zinsen für einen Zeitraum im Folgejahr bereits im laufenden Jahr gutgeschrieben.

7. Wir fertigen eine Maschine zur Eigennutzung.

8. Wir verkaufen Waren bar und gewähren Skonto.

9. Der Unternehmer entnimmt Gegenstände bzw. empfängt Leistungen vom Unternehmen für private Zwecke.

10. Wir buchen den Arbeitgeberanteil zur Sozialversicherung.

11. Wir zahlen einen Gehaltvorschuss.

12. Wir schreiben das Gebäude ab.

13. Ein Kunde bezahlt eine Forderung durch Banküberweisung.

14. Wir kaufen ein Kfz auf Ziel.

15. Wir verkaufen Waren auf Ziel.

16. Wir zahlen die USt-Schuld durch Banküberweisung.

17. Wir buchen den Einsatz/Verbrauch von Betriebsstoffen.

18. Wir schließen das Wareneinkaufskonto ab (Bruttomethode).

19. Wir schließen das Wareneinkaufskonto ab (Nettomethode).

# Lösungsvorschläge zur Klausur 8

| Bearbeitungszeit: | 90 Minuten |
|---|---|
| Erreichte Gesamtpunktzahl: | ... Punkte von 90 Punkten |

| Lösungsvorschlag zur Aufgabe 1 der Klausur 8: | 30 Punkte |
|---|---|

a) 1. Handelsrechtlich ist (abgesehen von § 241a HGB) jeder Kaufmann gemäß § 238 HGB zur Buchführung und zur Beachtung der Grundsätze ordnungsmäßiger Buchführung verpflichtet. Die Kaufmannseigenschaft richtet sich dabei nach dem einleitenden Paragraphen des HGB.

2. Steuerrechtlich wird gemäß der Abgabenordnung (AO) in eine originäre und eine derivative (abgeleitete) Buchführungspflicht unterschieden. Während gemäß Letzterer jene Wirtschaftssubjekte für die Besteuerung buchführungspflichtig sind, die dies bereits nach anderen Gesetzen als den Steuergesetzen erfüllen, wird dieser Personenkreis um jene Personen erweitert, welche bestimmte Kriterien nach § 141 AO erfüllen.

b)

| Aktiva | Eröffnungsbilanz in EUR | | Passiva |
|---|---|---|---|
| *Anlagevermögen* | | *Eigenkapital* | *31.418* |
| Grundstücke | 30.000 | *Fremdkapital* | |
| Maschinen und Anlagen | 1.000 | Hypothekendarlehen | 15.000 |
| | *31.000* | Verbindlichkeiten | 5.500 |
| *Umlaufvermögen* | | | *20.500* |
| Vorräte | 474 | | |
| Forderungen | 16.000 | | |
| Kasse/Bank | 4.444 | | |
| | *20.918* | | |
| | 51.918 | | 51.918 |

c)

| Jahr | Buchwert zu Periodenbeginn | Abschreibungs- methode | Abschrei- bungsbetrag | Buchwert zu Periodenende |
|---|---|---|---|---|
| 1 | 40.000 | geometrisch-degressiv | 12.000 | 28.000 |
| 2 | 28.000 | geometrisch-degressiv | 8.400 | 19.600 |
| 3 | 19.600 | geometrisch-degressiv | 5.880 | 13.720 |
| 4 | 13.720 | geometrisch-degressiv | 4.116 | 9.604 |
| 5 | 9.604 | geometrisch-degressiv | 2.881 | 6.723 |
| 6 | 6.723 | linear | 2.241 | 4.482 |
| 7 | 4.482 | linear | 2.241 | 2.241 |
| 8 | 2.241 | linear | 2.241 | 0 |

| Lösungsvorschlag zur Aufgabe 2 der Klausur 8: | 45 Punkte |
|---|---|

a) Waren/-einkauf     2.000,00
    VSt               380,00    an Kasse         2.380,00

b) Maschinen und Anlagen 8.100,00
    VSt          1.539,00    an Verb. aLuL    9.639,00

c) Verb. aLuL     23.800,00    an Bank         22.848,00
                                VSt            152,00
                                Erhaltene Sk./
                                Lieferantensk.    800,00

d) Bank            600,00    an Kasse         600,00

e) Büroaufwand      23,80    an Kasse          23,80

f) Privatentnahme    595,00    an Entnahme v.G.u.s.L.   500,00
                                USt             95,00

g) Erlösberichtigung   200,00
    USt             38,00    an Ford. aLuL    238,00

h) Abschr. auf Fuhrpark 5.880,00    an Fuhrpark     5.880,00

i) Rückstellung     3.000,00
    S. b. Aufwand
    (periodenfremd)   2.000,00    an Bank         5.000,00

j) Sonstige Forderungen 200,00    an Zinserträge    200,00

    Bank            600,00    an Zinserträge         400,00
                                Sonstige Forderungen 200,00

k) *entweder:*
    Mietaufwand    6.000,00
    VSt          1.140,00    an Bank         7.140,00

    ARAP         4.000,00    an Mietaufwand   4.000,00

    *oder:*
    Mietaufwand    2.000,00
    ARAP         4.000,00
    VSt          1.140,00    an Bank         7.140,00

    *sowie schließlich:*
    Mietaufwand    4.000,00    an ARAP        4.000,00

l)  Sonstige Forderungen   1.190,00    an  Waren/-einkauf        1.000,00
                                           VSt                    190,00

m)  S. b. Aufwand           500,00     an  Verb. aLuL             500,00

    *denkbar auch:*
    S. b. Aufwand           500,00     an  Sonstige Verb.         500,00

n)  Kasse                     5,95     an  Umsatzerlöse             5,00
                                           USt                      0,95

o)  Zweifelh. Forderungen 35.700,00    an  Forderungen aLuL      35.700,00

    Abschr. a. Forderungen  6.000,00
    USt                     1.140,00   an  Zweifelh. Ford.        7.140,00

    Abschr. a. Forderungen 14.000,00   an  Zweifelh. Ford.       14.000,00

p)  Einstellung in PWB      3.000,00   an  PWB auf Ford.          3.000,00

q)  Bank                    4.760,00   an  Zweifelh. Ford.        4.760,00

    Bank                    5.950,00
    S. b. Aufwand
    (periodenfremd)         1.000,00
    USt                     2.850,00   an  Zweifelh. Ford.        9.800,00

r)  Löhne und Gehälter      3.000,00   an  Bank                   1.300,00
                                           FB-Verb.                900,00
                                           SV-Verb.                800,00

    AG-SV-Aufwand            800,00    an  SV-Verb.                800,00

| Lösungsvorschlag zur Aufgabe 3 der Klausur 8: | 8 Punkte |
| --- | --- |

a)  Ware wird im selben Jahr verkauft und bezahlt.

b)  Ein Kunde leistet Anzahlung für eine Leistung der Folgeperiode.

c)  Rohstoffe werden in derselben Periode gekauft und verbraucht.

d)  Eine Rückstellung, die sich in den Folgejahren jedoch als haltlos herausstellt,
    wird gebildet.

| Lösungsvorschlag zur Aufgabe 4 der Klausur 8: | 7 Punkte |
|---|---|

a)

| 01: | Gebäudeaufwand | 1.500,00 | | | |
| | ARAP | 1.500,00 | an | Bank | 3.000,00 |
| 02: | Gebäudeaufwand | 1.500,00 | an | ARAP | 1.500,00 |

b)

| 01: | Provisionsaufwand | 15.500,00 | | | |
| | VSt | 2.945,00 | an | Sonstige Verb. | 18.445,00 |
| 02: | Sonstige Verb. | 18.445,00 | an | Bank | 18.445,00 |

c)

| 01: | Privatentnahme | 1.500,00 | an | Bank | 1.500,00 |

# Lösungsvorschläge zur Klausur 9

| Bearbeitungszeit: | 90 Minuten |
|---|---|
| Erreichte Gesamtpunktzahl: | ... Punkte von 90 Punkten |

| Lösungsvorschlag zur Aufgabe 1 der Klausur 9: | 8 Punkte |
|---|---|

a) gezogener Wechsel:     Tratte
b) Wechselnehmer:     Remittent
c) angenommener Wechsel:     Akzept
d) Weitergabevermerk:     Indossament
e) Wechselaussteller:     Trassant
f) eigener Wechsel:     Solawechsel
g) Bezogener:     Akzeptant
h) Rückgriff:     Regress

| Lösungsvorschlag zur Aufgabe 2 der Klausur 9: | 12 Punkte |
|---|---|

| | | Aktiv-tausch | Passiv-tausch | Aktiv-Passiv-Mehrung | Aktiv-Passiv-Minderung |
|---|---|---|---|---|---|
| 1. | Verbrauch von Hilfsstoffen | | | | X |
| 2. | Eingang der Maklerrechnung für unseren Gebäudekauf | | | X | |
| 3. | Prolongation unseres Akzeptes | | X | | |
| 4. | Bestandsminderung bei den fertigen Erzeugnissen | | | | X |
| 5. | Kauf eines Kfz auf Ziel | | | X | |
| 6. | Umwandlung einer Lieferantenschuld in eine Wechselschuld | | X | | |
| 7. | Lieferantenskonto | | X | | |
| 8. | Rücksendung von Rohstoffen, die auf Ziel gekauft wurden | | | | X |
| 9. | Kundenskonto | | | | X |
| 10. | vom Darlehensgläubiger berechnete Zinsen werden nicht sofort bezahlt | | | X | |
| 11. | Barzahlung der Eingangsfracht für Betriebsstoffe | X | | | |
| 12. | Barabhebung vom Bankkonto | X | | | |

| Lösungsvorschlag zur Aufgabe 3 der Klausur 9: | 10 Punkte |
|---|---|

- Das SBK wird i. d. R. zum 31.12. aufgestellt.
- Soll und Haben wurden vertauscht.
- Das Bankguthaben ist nicht in EUR, sondern in Dollar ausgewiesen.
- Rückstellungen dürfen nur auf der Habenseite stehen.
- Auf der falschen Seite stehen Eigenkapital, Rückstellungen, PRAP, Bank, ARAP und Rohstoffe.
- Der Rohstoffverbrauch gehört in das GuV-Konto.
- Soll und Haben stimmen betragsmäßig nicht überein.

| Lösungsvorschlag zur Aufgabe 4 der Klausur 9: | 22 Punkte |
|---|---|

a)  1. Zweifelhafte Ford.  89.250,00  an  Forderungen  89.250,00

    2. Abschreib. a. Ford.  37.500,00  an  Zweifelhafte Ford.  37.500,00

    3. Bank  62.475,00
       USt  4.275,00  an  Zweifelhafte Ford.  51.750,00
                                   S. b. Ertrag  15.000,00

b) *Ermittlung der endgültigen Anschaffungskosten:*

| | |
|---|---|
| Anschaffungspreis | 56.000,00 EUR |
| ./. 3 % Skonto | 1.680,00 EUR |
| = vorläufige Anschaffungskosten | 54.320,00 EUR |
| ./. Preisnachlass (netto) | 2.800,00 EUR |
| = endgültige Anschaffungskosten | 51.520,00 EUR |

*Buchung bei Lieferung:*
Maschinen  56.000,00
VSt  10.640,00  an  Verbindlichkeiten  66.640,00

*Buchung bei Zahlung:*
Verbindlichkeiten  66.640,00  an  VSt  319,20
                                       Maschinen  1.680,00
                                       Bank  64.640,80

*Buchung nach erfolgreicher Mängelrüge:*
Sonstige Ford.  3.332,00  an  Maschinen  2.800,00
                                     VSt  532,00

c)  *Buchung bei Gehaltszahlung:*

| Gehälter | 7.000,00 | an | Verb. ggü. FB | 1.282,00 |
| | | | Verb. ggü. SV | 1.260,00 |
| | | | Bank | 4.458,00 |
| AG-Anteil zur SV | 1.260,00 | an | Verb. ggü. SV | 1.260,00 |

*Buchung bei Überweisung:*

| Verb. ggü. SV | 2.520,00 | an | Bank | 2.520,00 |
| Verb. ggü. FB | 1.282,00 | an | Bank | 1.282,00 |

d) 01: Rechtskosten 12.000,00 an Rückstellungen 12.000,00

| 02: Rückstellungen | 12.000,00 | an | Bank | 7.000,00 |
| | | | Per.-fr. Ertr. (S. b. Ertr.) | 5.000,00 |

e)  *Variante:*

| 02: Rückstellungen | 12.000,00 | | | |
| Rechtskosten | 3.000,00 | an | Bank | 15.000,00 |

| **Lösungsvorschlag zur Aufgabe 5 der Klausur 9:** | **38 Punkte** |
| --- | --- |

a)
| Wareneinkauf | 50.000 | | | |
| VSt | 9.500 | an | Verbindlichkeiten | 59.500 |

b)
| Verbindlichkeiten | 59.500 | an | Bank | 58.310 |
| | | | VSt | 190 |
| | | | Erhalt. Skonti | 1.000 |

c) Rohstoffaufwand 10.000 an Rohstoffe 10.000

d)
| Kasse | 89.250 | an | Warenverkauf | 75.000 |
| | | | USt | 14.250 |

e) Bank 10.000 an Forderungen 10.000

f) AfA 5.000 an Maschinen 5.000

g)
| Mietaufwand | 4.000 | an | Bank | 4.000 |
| ARAP | 4.000 | an | Mietaufwand | 4.000 |

h) SBK 30.000 an Wareneinkauf 30.000

i) SBK 20.000 an Rohstoffe 20.000

j) SBK 30.000 an Fertige Erzeugnisse 30.000

| k) | Erhalt. Skonti | 1.000 | an | Wareneinkauf | 1.000 |
|---|---|---|---|---|---|
| l) | Warenverkauf | 39.000 | an | Wareneinkauf | 39.000 |
| m) | Fertige Erzeugnisse | 10.000 | an | Bestandsveränderungen | 10.000 |
| n) | USt | 9.310 | an | VSt | 9.310 |
| o) | GuV-Konto | 31.000 | an | Eigenkapital | 31.000 |

| S | Maschinen | | H |
|---|---|---|---|
| AB | 50.000 | f) | 5.000 |
| | | SBK | 45.000 |
| | 50.000 | | 50.000 |

| S | Verbindlichkeiten | | H |
|---|---|---|---|
| b) | 59.500 | AB | 90.000 |
| SBK | 90.000 | a) | 59.500 |
| | 149.500 | | 149.500 |

| S | Wareneinkauf | | H |
|---|---|---|---|
| AB | 20.000 | h) SBK | 30.000 |
| a) | 50.000 | k) | 1.000 |
| | | l) | 39.000 |
| | 70.000 | | 70.000 |

| S | Eigenkapital | | H |
|---|---|---|---|
| SBK | 141.000 | AB | 110.000 |
| | | GuV-K | 31.000 |
| | 141.000 | | 141.000 |

| S | Rohstoffe | | H |
|---|---|---|---|
| AB | 30.000 | c) | 10.000 |
| | | i) SBK | 20.000 |
| | 30.000 | | 30.000 |

| S | Erhalt. Skonti | | H |
|---|---|---|---|
| k) | 1.000 | b) | 1.000 |
| | 1.000 | | 1.000 |

| S | Fertige Erzeugnisse | | H |
|---|---|---|---|
| AB | 20.000 | j) SBK | 30.000 |
| m) | 10.000 | | |
| | 30.000 | | 30.000 |

| S | Rohstoffaufwand | | H |
|---|---|---|---|
| c) | 10.000 | GuV-K | 10.000 |
| | 10.000 | | 10.000 |

| S | Forderungen | | H |
|---|---|---|---|
| AB | 15.000 | e) | 10.000 |
| | | SBK | 5.000 |
| | 15.000 | | 15.000 |

| S | Warenverkauf | | H |
|---|---|---|---|
| l) | 39.000 | d) | 75.000 |
| GuV-K | 36.000 | | |
| | 75.000 | | 75.000 |

| S | Bank | | H |
|---|---|---|---|
| AB | 60.000 | b) | 58.310 |
| e) | 10.000 | g) | 4.000 |
| | | SBK | 7.690 |
| | 70.000 | | 70.000 |

| S | Umsatzsteuer | | H |
|---|---|---|---|
| n) | 9.310 | d) | 14.250 |
| SBK | 4.940 | | |
| | 14.250 | | 14.250 |

| S | Kasse | | H |
|---|---|---|---|
| AB | 5.000 | SBK | 94.250 |
| d) | 89.250 | | |
| | 94.250 | | 94.250 |

| S | Abschreibungen | | H |
|---|---|---|---|
| f) | 5.000 | GuV-K | 5.000 |
| | 5.000 | | 5.000 |

| S | Vorsteuer | | H |
|---|---|---|---|
| a) | 9.500 | b) | 190 |
| | | n) | 9.310 |
| | 9.500 | | 9.500 |

| S | Bestandsveränderungen | | H |
|---|---|---|---|
| GuV-K | 10.000 | m) | 10.000 |
| | 10.000 | | 10.000 |

| S | ARAP | | H | S | Mietaufwand | | H |
|---|---|---|---|---|---|---|---|
| g) | 4.000 | **SBK** | **4.000** | g) | 4.000 | g) | 4.000 |
| | 4.000 | | 4.000 | | 4.000 | | 4.000 |

| S | SBK | | H | S | GuV-Konto | | H |
|---|---|---|---|---|---|---|---|
| Masch. | 45.000 | EK | 141.000 | Roh.-Auf. | 10.000 | W.-Verk. | 36.000 |
| Waren | 30.000 | Verb. | 90.000 | AfA | 5.000 | BV | 10.000 |
| Rohst. | 20.000 | USt | 4.940 | **Gew.** | **31.000** | | |
| Fertige Erz. | 30.000 | | | | 46.000 | | 46.000 |
| Forder. | 5.000 | | | | | | |
| Bank | 7.690 | | | | | | |
| Kasse | 94.250 | | | | | | |
| ARAP | 4.000 | | | | | | |
| | 235.940 | | 235.940 | | | | |

# Lösungsvorschläge zur Klausur 10

| Bearbeitungszeit: | 90 Minuten |
|---|---|
| Erreichte Gesamtpunktzahl: | ... Punkte von 90 Punkten |

| Lösungsvorschlag zur Aufgabe 1 der Klausur 10: | 10 Punkte |
|---|---|

a) 1. Lineare Abschreibung mit gleichbleibenden Abschreibungsbeträgen

$$\text{Abschreibungsbetrag} = \frac{\text{Abschreibungsbasis (i. d. R. AK bzw. HK)}}{\text{Nutzungsdauer}}$$

$$\text{Abschreibungssatz} = \frac{100\,\%}{\text{Nutzungsdauer}}$$

2. Geometrisch-degressive Abschreibung mit gleichbleibendem Abschreibungssatz vom jeweiligen Restbuchwert

3. Abschreibung nach Maßgabe der Leistung

$$\text{Abschreibungsbetrag} = \frac{\text{Abschreibungsbasis} \cdot \text{Jahresleistung}}{\text{Gesamtleistung}}$$

b) Formelle Mängel:

- Buchungen werden zeitlich ungeordnet vorgenommen.
- Abkürzungen oder Symbole werden nicht eindeutig verwendet (z. B. bedeutet „DB" einmal Deutsche Bank, dann Daimler Benz).

Sachliche Mängel:

- Geschäftsvorfälle werden nicht bzw. unvollständig gebucht.
- Geschäftsvorfalle werden im falschen Abrechnungszeitraum gebucht.

| **Lösungsvorschlag zur Aufgabe 2 der Klausur 10:** | **10 Punkte** |
|---|---|

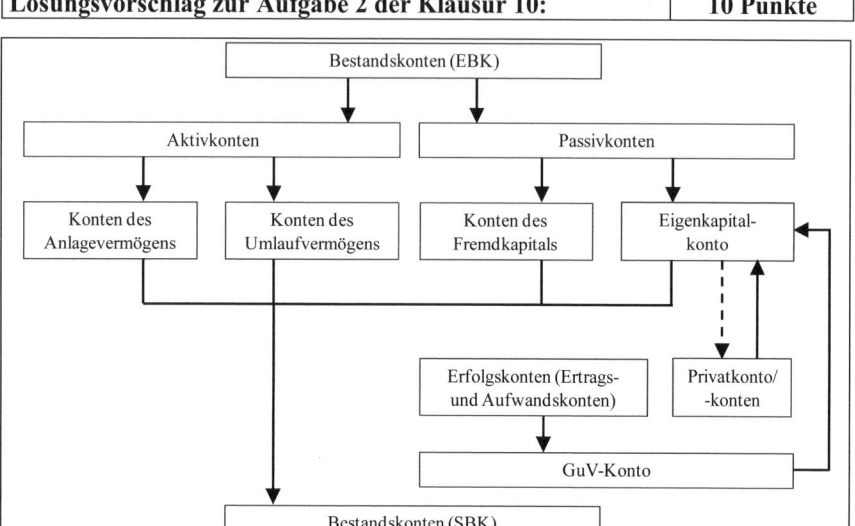

| **Lösungsvorschlag zur Aufgabe 3 der Klausur 10:** | **10 Punkte** |
|---|---|

a)   Gekaufte, aber noch nicht bezahlte Rohstoffe werden an den Lieferanten zurückgesandt.

b)   Wir verkaufen eine Maschine unter Restbuchwert.

c)   Kunde begleicht eine Rechnung unter Inanspruchnahme von Skonto.

d)   Wir verbrauchen eine Rückstellung, die in zu geringer Höhe gebildet wurde.

e)   Wir zahlen die (umsatzsteuerfreie) Miete für das folgende Jahr (z. B. für Januar 02) bereits in diesem Jahr (z. B. im Dezember 01).

| **Lösungsvorschlag zur Aufgabe 4 der Klausur 10:** | **30 Punkte** |
|---|---|

Buchungssätze:

| a) | Rückstellung | 22.500 | an | S. b. Ertrag | 2.500 |
|---|---|---|---|---|---|
| | | | | Bank | 20.000 |
| b) | Zinsaufwand | 45.000 | an | Bank | 45.000 |

c)   Bank     10.000    an    Forderungen     10.000

d)   Maschinen     135.000

     VSt      25.650    an    Bank     160.650

     Abschreibungen    27.000    an    Maschinen     27.000

Die Maschine wurde zu Beginn des Jahres erworben und muss für dieses Jahr auch voll abgeschrieben werden.

e)   Abschreibungen    66.000    an    Gebäude     66.000

vorgenommene Abschreibungen bisher: 40 % (zehn Jahre mit je 4 % der AK)

⇨ Restbuchwert des Gebäudes entspricht 60 % der AK

RBW Gebäude:    990.000

$$\text{ursprüngl. AK Gebäude} = \frac{990.000}{60} \cdot 100 = 1.650.000$$

jährliche Abschreibung = 4 % von 1.650.000 = 66.000

| S | Gebäude | | H | S | Eigenkapital | | H |
|---|---|---|---|---|---|---|---|
| AB | 990.000 | e) | 66.000 | SBK | 830.650 | AB | 780.750 |
| | | SBK | 924.000 | | | | 49.900 |
| | 990.000 | | 990.000 | | 830.650 | | 830.650 |

| S | Maschinen | | H | S | Rückstellungen | | H |
|---|---|---|---|---|---|---|---|
| | 340.200 | d) | 27.000 | a) | 22.500 | | 22.500 |
| d) | 135.000 | SBK | 448.200 | | 22.500 | | 22.500 |
| | 475.200 | | 475.200 | | | | |

| S | Abschreibungen | | H | S | S. b. Ertrag | | H |
|---|---|---|---|---|---|---|---|
| d) | 27.000 | GuV-K | 93.000 | GuV-K | 2.500 | a) | 2.500 |
| e) | 66.000 | | | | 2.500 | | 2.500 |
| | 93.000 | | 93.000 | | | | |

| S | VSt | | H | S | USt | | H |
|---|---|---|---|---|---|---|---|
| d) | 25.650 | USt | 25.660 | VSt | 25.650 | | 67.500 |
| | 25.650 | | 25.650 | SBK | 41.850 | | |
| | | | | | 67.500 | | 67.500 |

| S | Forderungen | | H |
|---|---|---|---|
| AB | 193.950 | c) | 10.000 |
| | | SBK | 183.950 |
| | 193.950 | | 193.950 |

| S | Bank | | H |
|---|---|---|---|
| AB | 324.000 | 1) | 20.000 |
| c) | 10.000 | b) | 45.000 |
| | | d) | 160.650 |
| | | SBK | 108.350 |
| | 334.000 | | 334.000 |

| S | Zinsaufwand | | H |
|---|---|---|---|
| b) | 45.000 | GuV | 45.000 |
| | 45.000 | | 45.000 |

| S | GuV-Konto | | H |
|---|---|---|---|
| Abschreib. | 156.900 | Umsatzerlöse | 459.000 |
| Mietaufw. | 30.150 | Mieterträge | 9.000 |
| Zinsaufw. | 59.400 | Zinserträge | 18.450 |
| Lohnaufw. | 72.000 | S. b. Ertrag | 2.500 |
| Reparaturaufw. | 54.000 | | |
| Telefonaufw. | 31.500 | | |
| sonst. Aufw. | 35.100 | | |
| Gewinn | 49.900 | | |
| | 488.950 | | 488.950 |

| S | SBK | | H |
|---|---|---|---|
| Gebäude | 924.000 | Eigenkapital | 830.650 |
| Maschinen | 448.200 | Darlehen | 900.000 |
| Beteiligungen | 112.500 | Verb.a.LuL | 72.000 |
| Waren | 58.500 | USt | 41.850 |
| Forderungen | 183.950 | | |
| Bankguthaben | 108.350 | | |
| Kasse | 9.000 | | |
| | 1.844.500 | | 1.844.500 |

## Lösungsvorschlag zur Aufgabe 5 der Klausur 10: | 30 Punkte

| Konto | Summenbilanz Soll | Summenbilanz Haben | Saldenbilanz I Soll | Saldenbilanz I Haben | Umbuchungen Soll | Umbuchungen Haben | Saldenbilanz II Soll | Saldenbilanz II Haben | Abschlussbilanz Aktiva | Abschlussbilanz Passiva | Erfolgsbilanz Aufwand | Erfolgsbilanz Ertrag |
|---|---|---|---|---|---|---|---|---|---|---|---|---|
| Gebäude | 1.460.000 | | 1.460.000 | | | 58.400 | 1.401.600 | | 1.401.600 | | | |
| Maschinen | 1.190.000 | | 1.190.000 | | | 238.000 | 952.000 | | 952.000 | | | |
| BGA | 410.000 | | 410.000 | | | 41.000 | 369.000 | | 369.000 | | | |
| Kasse | 162.520 | 139.910 | 22.610 | | | | 22.610 | | 22.610 | | | |
| Bank | 2.380.000 | 2.144.000 | 236.000 | | | | 236.000 | | 236.000 | | | |
| Rohstoffe | 680.000 | 425.000 | 255.000 | | | 3.400 | 251.600 | | 251.600 | | | |
| Fertige Erzeugnisse | 136.000 | 102.000 | 34.000 | | | 850 | 33.150 | | 33.150 | | | |
| Forderungen aLuL | 2.010.000 | 1.666.000 | 344.000 | | | | 344.000 | | 344.000 | | | |
| Zweifelhafte Ford. | 51.000 | | 51.000 | | | 17.000 | 34.000 | | 34.000 | | | |
| Sonst. Forderungen | 42.000 | 20.400 | 21.600 | | 510 | | 22.110 | | 22.110 | | | |
| Vorsteuer | 90.740 | | 90.740 | | | 90.740 | | | | | | |
| ARAP | | | 0 | | 2.550 | | 2.550 | | 2.550 | | | |
| Eigenkapital | | 2.434.010 | 0 | 2.434.010 | 34.000 | | | 2.400.010 | | 2.400.010 | | |
| Privat | 34.000 | | 34.000 | | | 34.000 | | | | | | |
| Rückstellungen | 13.600 | 95.000 | 0 | 81.400 | | 8.500 | | 89.900 | | 89.900 | | |
| Bankdarlehen | 85.000 | 325.000 | 0 | 240.000 | | | | 240.000 | | 240.000 | | |
| Verbindlichkeiten aLuL | 1.377.000 | 1.632.000 | 0 | 255.000 | | | | 255.000 | | 255.000 | | |
| Umsatzsteuer | | 180.080 | 0 | 180.080 | 90.740 | | | 89.340 | | 89.340 | | |
| Sonst. Verbindlichk. | | 17.000 | 0 | 17.000 | | 680 | | 17.680 | | 17.680 | | |
| PRAP | | | 0 | | | 2.040 | | 2.040 | | 2.040 | | |
| Umsatzerlöse | | 4.280.000 | 0 | 4.280.000 | | | | 4.280.000 | | | | 4.280.000 |
| Zinserträge | | 54.000 | 0 | 54.000 | | 510 | | 54.510 | | | | 54.510 |
| Mieterträge | | 55.600 | 0 | 55.600 | 2.040 | | | 53.560 | | | | 53.560 |
| Löhne und Gehälter | 2.881.500 | | 2.881.500 | | | | 2.881.500 | | | | 2.881.500 | |
| Arbeitgeberanteile | 338.300 | | 338.300 | | | | 338.300 | | | | 338.300 | |
| Abschr. auf Anlagen | | | 0 | | 337.400 | | 337.400 | | | | 337.400 | |
| Abschr. auf Ford. | | | 0 | | 17.000 | | 17.000 | | | | 17.000 | |
| Zinsaufwendungen | 17.000 | | 17.000 | | 680 | | 17.680 | | | | 17.680 | |
| Versicherungsaufwendung. | 40.800 | | 40.800 | | | 2.550 | 38.250 | | | | 38.250 | |
| Gewerbesteueraufwend. | | | 0 | | 8.500 | | 8.500 | | | | 8.500 | |
| Aufwendungen für RHB | | | 0 | | 3.400 | | 3.400 | | | | 3.400 | |
| Bestandsveränderungen | 170.540 | | 170.540 | | 850 | | 171.390 | | | | 171.390 | |
| | 13.570.000 | 13.570.000 | 7.597.090 | 7.597.090 | 497.670 | 497.670 | 7.482.040 | 7.482.040 | 3.668.620 | 3.093.970 | 3.813.420 | 574.650 |
| Gewinn: | | | | | | | | | | 574.650 | 574.650 | |
| | | | | | | | | | 3.668.620 | 3.668.620 | 4.388.070 | 4.388.070 |

# Lösungsvorschläge zur Klausur 11

| Bearbeitungszeit: | 60 Minuten |
|---|---|
| Erreichte Gesamtpunktzahl: | … Punkte von 60 Punkten |

| Lösungsvorschlag zur Aufgabe 1 der Klausur 11: | 10 Punkte |
|---|---|

| | | richtig | falsch |
|---|---|---|---|
| 1. | Bestehen zwischen den effektiven Beständen und den buchmäßigen Beständen Differenzen, haben die buchmäßigen Bestände Vorrang. | | X |
| 2. | Die Bilanz stellt die mengen- und wertmäßige „Unternehmensstruktur" dar. | | X |
| 3. | Die Aktivseite einer Bilanz gibt Auskunft über die Mittelherkunft eines Unternehmens. | | X |
| 4. | Ein Geschäftsvorfall betrifft immer genau zwei Konten. | | X |
| 5. | Der Kontenplan stellt eine Präzisierung des Kontenrahmens im Unternehmen dar. | X | |
| 6. | Wird eine Forderung aus Lieferungen und Leistungen vom Schuldner unter Ausnutzung eines Skontos beglichen, muss die Umsatzsteuer korrigiert werden. | X | |
| 7. | Bestandsveränderungen von fertigen und unfertigen Erzeugnissen sind bei der Ermittlung des Periodengewinns zu vernachlässigen. | | X |
| 8. | Werden Waren per Barzahlung gekauft, handelt es sich sowohl um eine Auszahlung als auch um eine Ausgabe. | X | |
| 9. | Das Eigenkapitalkonto wird über das Gewinn- und Verlustkonto abgeschlossen. | | X |
| 10. | Wird eine Mietzahlung für einen Zeitraum nach dem Bilanzstichtag bereits vor dem Bilanzstichtag geleistet, muss der Mieter einen passiven Rechnungsabgrenzungsposten bilden. | | X |

| **Lösungsvorschlag zur Aufgabe 2 der Klausur 11:** | **20 Punkte** |
|---|---|

a) Jahr 01:

| 1) | Zweifelh. Ford. | | an | Forderungen | 119.000 |
|---|---|---|---|---|---|
| 2) | Abschr. auf Ford. | 60.000 | | | |
| | Umsatzsteuer | 11.400 | an | Zweifelh. Ford. | 71.400 |
| 3) | Abschr. auf Ford. | | an | Zweifelh. Ford. | 10.000 |

*Abschluss der relevanten Konten:*

| GuV-Konto | | an | Abschreib. auf Ford. | 70.000 |
|---|---|---|---|---|
| SBK | | an | Forderungen | 476.000 |
| SBK | | an | Zweifelh. Ford. | 37.600 |

Jahr 02:

| 4) | Bank | 41.650 | an | zweifelhafte Ford. | 37.600 |
|---|---|---|---|---|---|
| | Umsatzsteuer | 950 | | Sonst. betr. Ertrag | 5.000 |

b) Jahr 01:

| sonstige Ford. | | an | Mietertrag | 3.000 |
|---|---|---|---|---|

*Abschluss der relevanten Konten:*

| Mietertrag | | an | GuV-Konto | 3.000 |
|---|---|---|---|---|
| SBK | | an | Sonstige Ford. | 3.000 |

Jahr 02:

| Bank | 9.000 | an | Mietertrag | 6.000 |
|---|---|---|---|---|
| | | | Sonstige Ford. | 3.000 |

c) Jahr 01:

| Reparaturaufwand | | an | Rückstellungen | 5.000 |
|---|---|---|---|---|

*Abschluss der relevanten Konten:*

| GuV-Konto | | an | Reparaturaufwand | 5.000 |
|---|---|---|---|---|
| Rückstellungen | | an | SBK | 5.000 |

Jahr 02:

| Rückstellungen | 5.000 | an | Bank/Verb. aLuL/ | |
|---|---|---|---|---|
| | | | Kasse | 4.500 |
| | | | Sonst. betr. Ertrag | 500 |

| **Lösungsvorschlag zur Aufgabe 3 der Klausur 11:** | **10 Punkte** |
| --- | --- |

1a) Willy Brause kauft Waren i. H. v. 10.000 EUR (zzgl. USt). Die erste Hälfte des Rechnungsbetrages wird sofort aus der Kasse bezahlt und die zweite Hälfte soll später beglichen werden.

1b) Willy Brause überweist den offenen Betrag aus 1a) unter Ausnutzung von 2 % Skonto.

2a) Willy Brause erhält eine Anzahlung i. H. v. von 3.570 EUR (inklusive USt) auf sein Geschäftskonto überwiesen.

2b) Die Waren, welche in 2a) angezahlt wurden, werden geliefert. Gleichzeitig wird der Restbetrag vom Kunden per Banküberweisung bezahlt.

2c) Der Kunde aus 2a) und 2b) gibt Waren i. H. v. 1.000 EUR (zzgl. USt) zurück und erhält diese Rückgabe bar erstattet.

| **Lösungsvorschlag zur Aufgabe 4 der Klausur 11:** | **8 Punkte** |
| --- | --- |

Das Eröffnungsbilanzkonto (EBK) ermöglicht die buchungstechnische Eröffnung der Bestandskonten. Außerdem dient es der Kontrolle, ob alle Bestandskonten richtig eröffnet wurden, weil die Summen beider Seiten erstens identisch sein müssen und zweitens mit den Summen der Aktiv- und Passivseite der Eröffnungsbilanz übereinstimmen müssen.

Das Eröffnungsbilanzkonto ermöglicht, das Prinzip der doppelten Buchführung auch bei der Konteneröffnung anzuwenden. Folgende Buchungssystematik wird dabei erreicht: Aktive Bestandskonten weisen ihren Anfangsbestand über die Buchung „Aktivkonto an EBK" auf der Sollseite aus. Passive Bestandskonten weisen ihren Anfangsbestand über die Buchung „EBK an Passivkonto" auf der Habenseite aus.

In der Eröffnungsbilanz heißen die Seiten „Aktiva" und „Passiva". Im Eröffnungsbilanzkonto heißen die Seiten hingegen „Soll" und „Haben". Das Eröffnungsbilanzkonto ist schließlich eine spiegelbildliche Abbildung der Eröffnungsbilanz.

| Lösungsvorschlag zur Aufgabe 5 der Klausur 11: | | | 12 Punkte |
|---|---|---|---|

| | | | | | |
|---|---|---|---|---|---|
| a) | Kasse | 3.570 | an | Maschinen | 2.000 |
| | | | | Ertrag aus dem Abgang von Gegenständen des Anlagevermögens | 1.000 |
| | | | | USt | 570 |
| b) | Maschinen | 10.000 | | | |
| | VSt | 1.900 | an | Bank | 11.900 |

*oder:*

| | | | | | |
|---|---|---|---|---|---|
| | Maschinen | 9.600 | | | |
| | Bezugskosten | 400 | | | |
| | VSt | 1.900 | an | Bank | 11.900 |
| c) | Bank | | an | Zinsertrag | 500 |
| d) | Privat(-entnahme) | | an | Bank | 300 |
| e) | gewährte Boni | 200 | | | |
| | USt | 38 | an | Lieferforderungen | 238 |
| f) | Löhne und Gehälter | 1.500 | an | Bank | 1.000 |
| | | | | FB-Verb. | 300 |
| | | | | SV-Verb. | 200 |
| | AG-SV-Aufwand | | an | SV-Verb. | 200 |
| g) | Abschreib. auf Anlagen | | an | Maschinen | 2.000 |